परमाणु विज्ञान के बढ़ते चरण

[विज्ञान]

परमाणु विज्ञान के बढ़ते चरण

गुणाकर मुळे

संपादक

शांति गुणाकर मुळे

राजकमल प्रकाशन

ISBN : 978-81-19028-19-1

मूल्य : ₹395

पहला संस्करण : 2023

प्रकाशक : राजकमल प्रकाशन प्रा.लि.
1-बी, नेताजी सुभाष मार्ग, दरियागंज
नई दिल्ली-110 002

शाखाएं : अशोक राजपथ, साइंस कॉलेज के सामने, पटना-800 006
पहली मंज़िल, दरबारी बिल्डिंग, महात्मा गांधी मार्ग, प्रयागराज-211 001
वेबसाइट : www.rajkamalprakashan.com
ई-मेल : info@rajkamalprakashan.com

मुद्रक : बी.के. ऑफसेट
नवीन शाहदरा, दिल्ली-110 032

PARMANU VIGYAN KE BADHTE CHARAN
by Gunakar Muley
Edited by Shanti Gunakar Muley

भूमिका

श्री गुणाकर जी ने समय की आवश्यकता को देखते हुए बहुत-सी वैज्ञानिक लेखमालाएं 'साप्ताहिक हिन्दुस्तान' और 'जनसत्ता' में लिखीं। इन लेखमालाओं का आज भी उतना ही महत्त्व है जितना पहले था।

आज सारा संसार तीसरे विश्वयुद्ध की चपेट में आने की तैयारी कर रहा है। एशिया (रूस) और यूक्रेन अमेरिका और यूरोप के अन्य देश (नाटो) मिलकर रूस आठ-दस महीने से लड़ाई कर रहे हैं। सारा यूरोप मंदी की चपेट में आया हुआ है। मंदी का असर सारी दुनिया को भोगना पड़ रहा है। फिर कब रूस-अमेरिका परमाणु बम छोड़कर दुनिया को खत्म कर दे। तब क्या होगा?

परमाणु बम की खूब चर्चा हो रही है। लेकिन परमाणु बम क्या होते हैं और इनसे क्या फायदे और नुकसान हैं। इसके लिए 1991 में लिखी 'साप्ताहिक हिन्दुस्तान' में प्रकाशित 'परमाणु ऊर्जा के बढ़ते चरण' लेखमाला पुस्तक के रूप में प्रकाशित करवा रही हूं। इसमें परमाणु की खोज से लेकर तब भी बची रहेगी पृथ्वी क्या? के बारे में ज्ञान प्राप्त करना आज भी परिस्थिति को समझ सकते हैं।

यह पुस्तक सभी के लिए उपयोगी रहेगी, इसके अंतिम प्रूफ अंशुमान मुळे ने देखे। चित्र वगैरह शांति मुळे ने लगाए।

—शांति गुणाकर मुळे

अमरावती
सी-210
मोबाइल : 9582075497

क्रम

परिशिष्ट

परमाणु की खोज में

संसार में अनेक प्रकार की वस्तुएं देखने को मिलती हैं। इनमें से कुछ वस्तुएं तो एक ही वस्तु के भिन्न-भिन्न रूप होती हैं; जैसे, पानी को ठंडा किया जाए, तो इसका बर्फ बनता है और इसे उबाला जाए तो इसकी भाप बनती है। कुछ वस्तुएं दो या दो से अधिक वस्तुओं के मिलने से बनती हैं, जैसे तांबा और टिन मिलकर कांसा बनता है। कुछ ऐसी भी वस्तुएं हैं जिनके बारे में सहज ये पता नहीं चलता कि वे दो या अधिक मूल वस्तुओं से बनी हैं। उदाहरण के तौर पर पानी को ही लीजिए। पानी दो तत्त्वों—ऑक्सीजन और हाइड्रोजन—से बनता है।

संसार की सारी वस्तुएं कुछ मूल वस्तुओं—तत्त्वों से बनी होनी चाहिए, इसी विश्वास के आधार पर प्राचीन काल में चार या पांच तत्त्वों की कल्पना की गई थी। ये मूल तत्त्व थे जल, अग्नि, वायु, आकाश आदि। आज हम जानते हैं कि जल में दो मूल तत्त्व हैं और उसी प्रकार वायु कई प्रकार की गैसों का मिश्रण है। आज वैज्ञानिक 118 मूल तत्त्व खोज चुके हैं और अभी नए तत्त्वों की खोज जारी ही है। इन्हीं तत्त्वों की छोटी से छोटी इकाई का नाम है परमाणु या एटम।

शुद्ध लोहे के एक टुकड़े को लीजिए। इसके दो टुकड़े कीजिए। फिर इनमें से एक के और दो टुकड़े कीजिए और इसी प्रकार छोटे-छोटे टुकड़े करते चले जाइए। अंत में ऐसी स्थिति आएगी कि आपकी आंखें इन टुकड़ों को देख नहीं पाएंगी और छेनी या अन्य कोई वस्तु और अधिक छोटे टुकड़े नहीं कर सकेंगी। फिर भी, कल्पना कीजिए आपकी आंखें छोटे-से-छोटे कण देखने में समर्थ हैं और आपके पास ऐसा कोई औजार भी है जिससे आप अधिकाधिक छोटे टुकड़े बनाते चले जा सकते हैं। अंत में एक स्थिति ऐसी आएगी कि अधिक छोटे टुकड़े बनाना संभव नहीं होगा। और यदि उससे भी बनाए गए, तो फिर यह उस

वस्तु—लोहे—का टुकड़ा नहीं रहेगा। ऐसे ही छोटे से छोटे टुकड़े को 'परमाणु' का नाम दिया गया है।

आज से लगभग ढाई हजार वर्ष पहले हमारे देश के एक दार्शनिक कणाद ने इसी प्रकार के अणु या परमाणु की कल्पना की थी। वे कहते थे कि संसार की सारी वस्तुएं छोटे-छोटे अणु या कणों से बनी हुई हैं। उनके समय के दूसरे लोगों ने उनकी इस मान्यता का मजाक उड़ाया था और उन्हें 'कणों को खाने वाला' (कणम् अति) कहा जाने लगा। इसीलिए उनका नाम पड़ा कणाद।

वस्तुओं की सबसे छोटी इकाई को 'एटम' नाम यूनानी वैज्ञानिक देमोक्रितु (ई.पू. पांचवीं शताब्दी) ने दिया था। यूनानी भाषा के इस 'ए-टम' शब्द का अर्थ है 'न टूटने वाला' अर्थात् ऐसा छोटा कण जिसे और अधिक छोटा न किया जा सके।

कणाद और देमोक्रितु ने अपने विभाग से ही परमाणु या एटम की कल्पना की थी। उन्होंने परमाणु को अपनी आंखों से नहीं देखा था। और न ही उन्होंने किसी प्रयोगशाला में परमाणु को खोजने का प्रयत्न ही किया था। फिर भी, कणाद और देमोक्रितु के विचार सही थे। परमाणुओं के अस्तित्व को वे प्रयोग से सिद्ध नहीं कर सकते थे इसीलिए दूसरे वैज्ञानिकों ने इन दोनों की खिल्ली उड़ाई थी। इसके बाद लगभग दो हजार वर्ष तक किसी ने भी परमाणु की खबर नहीं ली।

परमाणुओं की पुन: सुध ली इंग्लैंड के एक प्रसिद्ध वैज्ञानिक डाल्टन (1766-1844) ने। डाल्टन के परमाणु या एटम अब केवल काल्पनिक नहीं थे। वह इन्हें प्रयोगशाला में ले आया। डाल्टन ने देखा कि रासायनिक प्रक्रियाओं में तत्त्वों की सबसे छोटी इकाइयां—एटम—भाग लेते हैं। लेकिन डाल्टन के एटम अभी ए-टम अर्थात् अखंड ही थे।

परमाणु या एटम इतने छोटे होते हैं कि एक सीधी रेखा में अगर 250 करोड़ परमाणु साथ-साथ रखे जाएं तो उस रेखा की लंबाई, मुश्किल से एक इंच होगी। जिन स्याही में ये अक्षर छपे हैं वह मुख्यत: कार्बन से बनती है। अक्षरों के ऊपर जो बिंदु लगता है उस एक बिंदु में कार्बन के लगभग 100,000,000,000,000,000 परमाणु हो सकते हैं। इतने छोटे होते हैं, परमाणु।

डाल्टन के बाद 19वीं शताब्दी के अंतिम चरण तक रासायनिक प्रक्रियाओं में भाग लेने वाले परमाणुओं के बारे में बहुत से नियम खोज निकाले गए थे।

यह भी पता चल गया था कि प्रत्येक तत्त्व के परमाणु कुछ भिन्न होते हैं। यह भी जान लिया गया था कि परमाणु के केंद्र में प्रोटोन होते हैं और जिस प्रकार ग्रह सूर्य की परिक्रमा करते हैं, उसी प्रकार परमाणु के भीतर इलेक्ट्रोन प्रोटोन की परिक्रमा करते हैं।

सबसे छोटा परमाणु होता है हाइड्रोजन का। हाइड्रोजन के परमाणु के केंद्र में एक प्रोटोन होता है। इस प्रोटोन के इई-गिर्द एक एलेक्ट्रोन तेजी से परिक्रमा करता रहता है। इलेक्ट्रोन में ऋण-विद्युत होती है, तो प्रोटोन में धन-विद्युत। चूंकि हाइड्रोजन के परमाणु में एक प्रोटोन और एक एलेक्ट्रोन ही होता है इसलिए इसे परमाणुओं की इकाई मान लिया गया है। हाइड्रोजन के अलावा दूसरे जो तत्त्व हैं उनमें प्रोटोन और इलेक्ट्रोन के अलावा और एक परमाणु-कक्ष होता है, जिसे 'न्यूट्रोन' का नाम दिया गया है। इन न्यूट्रोनों का प्रोटोन या इलेक्ट्रोनों की तरह कोई विद्युत चार्ज नहीं होता। असल में न्यूट्रोनों का भार और आक प्रोटोन के बराबर ही होता है। प्रोटोन इलेक्ट्रोन से लगभग 1840 गुना भारी होता है।

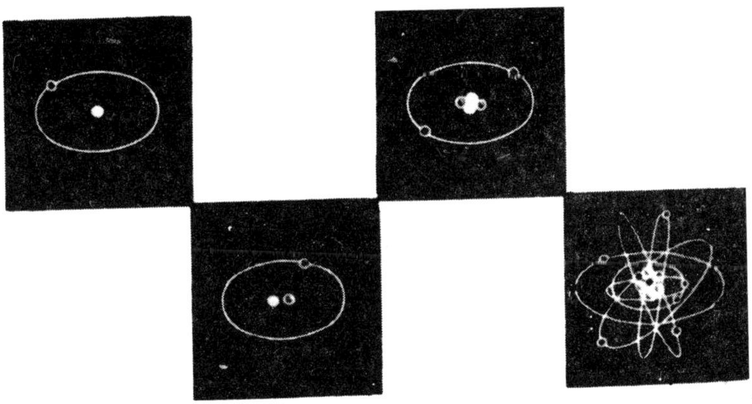

आकृति एक : हाइड्रोजन का एक परमाणु; दो : हाइड्रोजन के आइसोटोप ड्यूट्रोम का परमाणु; तीन : हाइड्रोजन का परमाणु; चार : कार्बन का एक परमाणु

हाइड्रोजन के सबसे छोटे परमाणु में तो केवल एक प्रोटोन और एक इलेक्ट्रोन ही होता है, किन्तु शेष सभी परगाणुओं में इनके केंद्र में प्रोटोनों के साथ न्यूट्रोन भी रहते हैं। प्रोटोन और न्यूट्रोन ही परमाणु का नाभिक (न्यूक्लियस)

बनता है जिस परमाणु के नाभिक में प्रोटोनों और न्यूट्रोनों की संख्या अधिक हो ऐसे परमाणु को यदि छोटे-छोटे कणों में तोड़ा जाए, तो प्रोटोन और न्यूट्रोन को एक साथ बांधनेवाली शक्ति (ऊर्जा) बाहर आती है। इसी को हम परमाणविक-शक्ति का नाम देते हैं। इस शक्ति के मानव के कल्याण के लिए हजारों उपयोग हैं। इस शक्ति से बिजली भी पैदा की जा सकती है। इसी शक्ति से मानव-जाति का संहार भी हो सकता है। एटम बम और हाइड्रोजन-बम इस शक्ति के परिणाम हैं।

हाइड्रोजन के सामान्य परमाणु में तो केवल एक प्रोटोन और एक इलेक्ट्रोन ही होता है परंतु हाइड्रोजन का एक प्रकार ऐसा भी है जिसके परमाणु में एक-एक प्रोटोन और इलेक्ट्रोन के अलावा प्रोटोन के साथ एक न्यूट्रोन भी होता है। इस प्रकार के परमाणु वाले हाइड्रोजन को 'ड्यूटेरियम' का नाम दिया गया है। इसे हाइड्रोजन का 'आइसोटोप' भी कहते हैं। इस प्रकार कई तत्त्वों के कई आइसोटोप होते हैं।

तत्त्वों की तालिका में दूसरे नंबर का तत्त्व है हीलियम। हीलियम के परमाणु के नाभिक में दो प्रोटोन और दो न्यूट्रोन होते हैं और इस नाभिक के इर्द-गिर्द दो एलेक्ट्रोन परिक्रमा करते हैं। इसी प्रकार कार्बन के परमाणु में 6 प्रोटोन, 6 न्यूट्रोन और 6 इलेक्ट्रोन होते हैं और इसी प्रकार, न्यूक्लियर और इलेक्ट्रोनों की यह संख्या बढ़ती जाती है।

असल में 'एटम' शब्द का मूल अर्थ है 'न टूटने वाला'। वर्तमान शताब्दी के आरम्भ तक परमाणु सचमुच ही एटम अर्थात् अखंड ही था। परंतु 1911 में पहली बार रुदरफोर्ड ने परमाणु के भीतर पहुंचने में सफलता प्राप्त की। तब से आज तक परमाणु के भीतर की खोज जारी है। वस्तुओं की सबसे छोटी इकाई होने पर भी परमाणु की रचना उतनी सरल नहीं है, जितनी कि हम सोचते हैं। वस्तुतः परमाणु ही संसार की सबसे छोटी वस्तु नहीं है। हमने देखा है कि परमाणु के भीतर भी इलेक्ट्रोन, प्रोटोन आदि होते हैं।

वस्तुतः परमाणु के भीतर दो-तीन प्रकार के ही परमाणु-कण नहीं हैं। वैज्ञानिकों ने परमाणु के भीतर अब तक लगभग 30 परमाणु-कणों की खोज की है। बेरीओन, मेसोन, लेप्टोन, आदि इन परमाणु-कणों के नाम हैं। इनमें से कुछ परमाणु-कणों की आयु तो एक सेकंड के करोड़वें हिस्से से भी कम होती है। दूसरे परमाणु-कणों का विखंडन होने पर ही ये छोटे-छोटे कण क्षणांश के लिए जन्म

लेते हैं। इन परमाणु-कणों की खोज के लिए 'साइक्लोट्रोन', 'सिंक्रोट्रोन' आदि नाम वाले भीमकाय यंत्रों का इस्तेमाल होता है। नए-नए परमाणु-कणों की खोज अब भी जारी है और वैज्ञानिकों को आशा है कि उन्हें परमाणु के भीतर और भी नए कण मिल सकते हैं।

दुब्ना की परमाणविक प्रयोगशाला का सिंक्रोट्रोन

अतः हम यह नहीं कह सकते कि हमने परमाणु की रचना के बारे में पूर्ण जानकारी प्राप्त कर ली है। उसी प्रकार अब हम यह नहीं कह सकते कि अमुक परमाणु-कण वस्तु-जगत की मूल इकाई है।

परमाणु के भीतर क्या है?

एटम बम और हाइड्रोजन-बम के बारे में सभी को थोड़ी-बहुत जानकारी है। इतना तो सभी जानते हैं कि परमाणु के भीतर भीषण ऊर्जा छिपी हुई है। अब इस ऊर्जा से बिजली पैदा होने लगी है, जहाज चलने लगे हैं।

पर हमें इस ऊर्जा की चर्चा नहीं करनी है। दरअसल, द्रव्य का दूसरा रूप ही ऊर्जा है। वर्तमान सदी के आरम्भ में महान आइंस्टाइन ने एक समीकरण प्रस्तुत करके हमें जानकारी दी थी कि कितने द्रव्य से कितनी ऊर्जा प्राप्त की जा सकती है। अत: मुख्य चीज है द्रव्य, परमाणु के भीतर का द्रव्य, जिसको विचलित करने से ऊर्जा प्राप्त होती है।

मुझे परमाणु के भीतर के इसी द्रव्य के बारे में जानकारी देनी है। यह द्रव्य विशेष प्रकार का है। इसकी गतिविधि पर हमारे सामान्य भौतिक-विज्ञान के कई नियम लागू नहीं होते। परमाणु के भीतर का सूक्ष्म-जगत एक अद्‌भुत संसार है। इस अद्‌भुत संसार की खोज पिछले कुछ दशकों में हुई है। इस सूक्ष्म-जगत की कई बातें अब भी अनबूझ हैं, पर जितना कुछ जाना गया है वही हमें चकित कर देता है। हम देखेंगे कि वर्तमान सदी में परमाणु के भीतर के इस सूक्ष्म जगत के बारे में धीरे-धीरे क्या-कुछ जाना गया है।

सबसे पहले यह जान लेना जरूरी है कि परमाणु कितना बड़ा होता है। परमाणुओं को एक-दूसरे से सटाकर यदि एक पंक्ति में रखा जाए तो एक सेंटीमीटर लंबाई में 10,000,000 परमाणु रखे जा सकते हैं!

पिछली सदी के अंतिम वर्षों तक वैज्ञानिकों का खयाल था कि परमाणु ही द्रव्य की सबसे छोटी इकाई है। फिर, पिछली सदी के अंतिम दशक में, बेकेरेल और क्यूरी-दंपती के अनुसंधानों से ज्ञात हुआ कि कुछ तत्त्वों के परमाणुओं से विकिरणों का उत्सर्जन होता है। रेडियम ऐसा ही एक तत्त्व है। यह भी ज्ञात हुआ

कि ऐसे तत्त्वों के परमाणुओं से विकिरण बाहर आने के बाद धीरे-धीरे ये परमाणु दूसरे हल्के तत्त्वों के परमाणुओं में रूपांतरित हो जाते हैं।

फिर आइंस्टाइन के समीकरण से स्पष्ट हो गया कि द्रव्य का क्षय होने से ऊर्जा प्राप्त होती है। पर परमाणु के भीतर क्या है, इसके बारे में वैज्ञानिकों को अभी स्पष्ट जानकारी नहीं थी। महान ब्रिटिश वैज्ञानिक रदरफोर्ड ने गामा किरणों सहयोगियों के अनुसंधानों से, वर्तमान सदी के दूसरे दशक में, जानकारी मिली कि परमाणु के भीतर एक नाभिक होता है, जिसमें परमाणु की अधिकांश द्रव्यराशि निहित है। इस नाभिक के इर्द-गिर्द इलेक्ट्रोन चक्कर काटते रहते हैं।

परमाणु के भीतर ये नाभिक बहुत थोड़ी जगह घेरते हैं। नाभिक और इलेक्ट्रोनों के बीच में काफी रिक्त जगह रहती है। और हम बता ही चुके हैं कि परमाणु का अधिकांश द्रव्य नाभिक में ही निहित रहता है। केवल इन नाभिकों को ही एक-दूसरे से खूब सटाकर दबोचा जाए, तो ऐसे एक घन सेंटीमीटर द्रव्य का भार दस करोड़ टन से भी अधिक होगा! इसमें कोई आश्चर्य की बात नहीं है। कुछ तारों में इतना सघन द्रव्य मौजूद है।

रदरफोर्ड के अनुसंधानों से पहली बार हमें परमाणु के नाभिक के बारे में कुछ जानकारी मिली। उन्हें इस नाभिक को तोड़ने में भी सफलता मिली। पता चला कि परमाणु का नाभिक मुख्यत: दो छोटे कणों से बना होता है। ये कण हैं—प्रोटोन और न्यूट्रोन। इलेक्ट्रोन नाभिक का चक्कर लगाते हैं, यह हम बता ही चुके हैं। दरअसल, इन इलेक्ट्रोनों की खोज बहुत पहले हो चुकी थी। ये विद्युत के ऋणावेशी कण हैं। नाभिक के भीतर के प्रोटोन घनावेशी होते हैं और न्यूट्रोन आवेश-रहित कण हैं।

परमाणु के बारे में यह जानकारी प्राप्त होने के बाद रदरफोर्ड के एक प्रतिभाशाली शिष्य डेनिश वैज्ञानिक नील्स बोर ने परमाणु के बारे में एक व्यवस्था प्रस्तुत की। यह व्यवस्था एक मॉडल थी। इस मॉडल के अनुसार, परमाणु की रचना हमारे सौरमंडल की तरह मानी गई। सूर्य की तरह परमाणु के केंद्र में एक भारी नाभिक होता है और इसके इर्द-गिर्द, ग्रहों की तरह, विभिन्न कक्षाओं में इलेक्ट्रोन चक्कर काटते रहते हैं।

उदाहरण के लिए, सबसे हल्के तत्त्व हाइड्रोजन के परमाणु को लीजिए। इसके नाभिक में एक प्रोटोन होता है और एक इलेक्ट्रोन इसकी परिक्रमा करता है। प्रोटोन इलेक्ट्रोन से 1836 गुना भारी होता है। एक अन्य प्रकार का भी हाइड्रोजन

है, जिसे 'भारी हाइड्रोजन' या 'ड्यूटेरियम' कहते हैं। ड्यूटेरियम के नाभिक में एक प्रोटोन व एक न्यूट्रोन होता है। एक इलेक्ट्रोन इस नाभिक की परिक्रमा करता है। न्यूट्रोन भी लगभग प्रोटोन इतना ही भारी होता है।

हाइड्रोजन के बाद दूसरा भारी तत्त्व हीलियम है। हीलियम के नाभिक में दो प्रोटोन व दो न्यूट्रोन होते हैं और दो इलेक्ट्रोन इस नाभिक का चक्कर काटते हैं। अधिकाधिक भारी तत्त्वों में इस प्रकार प्रोटोन, इलेक्ट्रोन तथा न्यूट्रोनों की संख्या बढ़ती जाती है। यूरेनियम के परमाणु में 92 इलेक्ट्रोन होते हैं और कुल मिलाकर 235 या 238 प्रोटोन तथा न्यूट्रोन होते हैं।

न्यूट्रोन अद्‌भुत कण हैं। इनकी खोज 1930 के आसपास हुई। ये कण आवेश-रहित होते हैं, इसलिए घनावेशी प्रोटोन या ऋणावेशी इलेक्ट्रोन इनकी गति में बाधा नहीं डालते। हम बता चुके हैं कि परमाणु के नाभिक में प्रोटोन व न्यूट्रोन होते हैं। बाहर से भेजा गया न्यूट्रोन आसानी में इस नाभिक में पहुंच जाता है। तब यह नाभिक विचलित होता है या विखंडित होता है। विखंडन की इसी प्रक्रिया में नाभिक के भीतर से ऊर्जा का उत्सर्जन होता है—शक्तिशाली विकिरण के रूप में। विशेष गति वाले न्यूट्रोनों से विशेष विधियों द्वारा यूरेनियम के नाभिकों का विखंडन करने से ही 1940 के आस-पास हमने परमाणु ऊर्जा की खोज की है।

परंतु परमाणु के भीतर सिर्फ प्रोटोन, न्यूट्रोन तथा इलेक्ट्रोन ही नहीं हैं। इनके अलावा, परमाणु के नाभिक के भीतर और भी बहुत-से कणों की खोज हुई है। दरअसल, अब तक परमाणु के भीतर सौ से भी अधिक कणों की खोज हो चुकी है। इन कणों को प्राथमिक कणों का नाम दिया गया है। प्राथमिक कणों का यह सूक्ष्म जगत एक विचित्र संसार है।

पहली बात यह है कि इन कणों की गतियों पर न्यूटन के गति-नियम लागू नहीं होते। न्यूटन के गति-नियमों से हम किसी भी पिंड का वेग एवं स्थिति एक साथ मालूम कर सकते हैं। हम बता सकते हैं कि अमुक समय के बाद पृथ्वी की परिक्रमा करने वाले चंद्र-पिंड का वेग कितना रहेगा और उसकी स्थिति क्या होगी। पर प्राथमिक कणों के बारे में ऐसा संभव नहीं है। एक साथ इनकी गति एवं स्थिति हम निर्धारित कर ही नहीं सकते। सही स्थिति ज्ञात करते हैं, तो सही गति नहीं जानी जा सकती और सही गति मालूम करते हैं तो सही स्थिति मालूम नहीं कर सकते।

और भी कई उलझने हैं। परमाणु के भीतर के घनावेशी प्रोटोनों को ही लीजिए। सामान्य भौतिकी का यह एक चिर-परिचित नियम है कि, समान आवेश वाले कण एक-दूसरे को दूर ढकेलते हैं और असमान आवेशवाले कण एक-दूसरे को समीप खींचते हैं। ऐसी स्थिति में परमाणु के नाभिक के भीतर के ढेर सारे घनावेश प्रोटोन एक साथ कैसे रह सकते हैं?

इससे स्पष्ट होता है कि नाभिक के भीतर गुरुत्वाकर्षण-बल या विद्युत-चुंबकीय बल काम नहीं करता। नाभिक के भीतर घनावेशी प्रोटोनों को एक साथ बनाए रखने के लिए उसमें कोई अधिक शक्तिशाली बल मौजूद होना चाहिए। वैज्ञानिकों ने इस बल को 'नाभिकीय बल' का नाम दिया है। यह बल विद्युत-चुंबकीय बल से काफी शक्तिशाली होता है और गुरुत्वाकर्षण से तो और भी अधिक शक्तिशाली। वस्तुत: अब तक खोजे गए बलों में सबसे शक्तिशाली यह नाभिकीय बल है। गुरुत्वाकर्षण सबसे कमजोर बल है।

परमाणु कणों के बारे में और एक विचित्र बात है। ये कणों के साथ-साथ अपनी तीव्रगतियों के कारण, तरंगों जैसा भी व्यवहार करते हैं। इन सब विचित्रताओं के कारण इन प्राथमिक कणों के गुणधर्मों को न्यूटन के गति-नियमों से या आइंस्टाइन के सापेक्षवाद के समीकरणों से समझना संभव नहीं था। इनके लिए हमें एक नई यांत्रिकी की जरूरत थी। इस नई यांत्रिकी को आज हम 'क्वांटम-सिद्धांत' के नाम से जानते हैं। लुई द ब्रोग्ली, डिराक, हाइजेनबर्ग और श्रोडिंगेर जैसे महान वैज्ञानिकों ने इस सिद्धांत के विकास में योग दिया है।

परमाणु के नाभिक के भीतर प्रोटोन व न्यूट्रोन की खोज हो जाने पर भी इसकी रचना के बारे में अनेक बातें अस्पष्ट थीं। अत: जब भी कोई नई उलझन सामने आती, वैज्ञानिक एक नए कण की कल्पना करते। सैद्धांतिक रूप से उसके गुण-धर्म निर्धारित करते और तब इन कणों को खोजा जाता। इसी प्रकार परमाणु के भीतर नए-नए कणों की खोज हुई है।

जापानी वैज्ञानिक युकावा ने 1935 में सिद्धांत प्रस्तुत किया कि नाभिकीय बल के लिए जिम्मेदार कोई कण होना चाहिए। इसे उन्होंने मेसोन का नाम दिया और इसके गुणधर्म निर्धारित किए। बाद में मेसोन नाम के अनेक कणों की खोज हुईं।

और एक उदाहरण लीजिए। ब्रिटिश भौतिकवेत्ता पाल डिराक 1928 में क्वांटम-सिद्धांत के कुछ नए समीकरणों का अध्ययन कर रहे थे। इन्हीं समीकरणों

से वे इस नतीजे पर पहुंचे कि परमाणु के भीतर इलेक्ट्रोन-जैसा, पर विपरीत आवेशवाला, कोई कण अवश्य होना चाहिए। ऐसा कण घनावेशी होगा। समीकरणों के आधार पर कल्पित इस कण को उन्होंने प्रति-इलेक्ट्रोन का नाम दिया।

और सचमुच ही 1932 में अमरीकी भौतिकवेत्ता कार्ल एंडरसन ने इस कण की खोज की। अब इस कण को हम 'पोजिट्रोन' के नाम से जानते हैं। यह कण इलेक्ट्रोन जैसा ही है, पर आवेश की दृष्टि से यह इलेक्ट्रोन से ठीक उलटा है। इसलिए इसे इलेक्ट्रोन का प्रतिकण कहते हैं। अब एक-दो कणों को छोड़कर शेष सभी कणों के प्रतिकण खोजे जा चुके हैं। कण और प्रतिकणों की इस खोज ने द्रव्य और प्रतिद्रव्य की धारणा को भी जन्म दिया है।

जैसे, सामान्य परमाणु के नाभिक में प्रोटोन व न्यूट्रोन होते हैं और इलेक्ट्रोन इनका चक्कर लगाते हैं। अब यदि परमाणु के नाभिक में प्रति-प्रोटोन व प्रति-न्यूट्रोन होंगे और पोजिट्रोन ऐसे नाभिक का चक्कर काटेंगे, तो यह प्रतिद्रव्य का परमाणु होगा। विशेष बात यह है कि कण और प्रतिकण जब एक-दूसरे के नजदीक आते हैं तो उनका विध्वंस होकर ऊर्जा का निर्माण होता है। इसीलिए हमारी धरती पर प्रतिद्रव्य का अस्तित्व संभव नहीं है। पर बहुत से वैज्ञानिकों का मत है कि ब्रह्मांड की दूरस्थ सीमाओं में प्रतिद्रव्य से निर्मित तारे व मंदाकिनियां मौजूद होनी चाहिए। भूतपूर्व सोवियत रूस के वैज्ञानिक धरती की प्रयोगशालाओं में प्रति-हाइड्रोजन के निर्माण में प्रयत्नशील हैं और उन्हें सफलता की आशा है। प्रति-हाइड्रोजन के परमाणु के केंद्र में एक प्रति-प्रोटोन होगा और एक पोजिट्रोन इसकी परिक्रमा करेगा।

अधिकाधिक वेग वाले कणों से नाभिक का या अन्य कणों का विखंडन करने से ही हमें नए-नए प्राथमिक कणों के बारे में जानकारी मिली है। कणों को अधिक वेग देने के लिए अधिक ऊर्जा की जरूरत होती है। इसलिए दूसरे महायुद्ध के बाद कणों को तीव्र वेग देने के लिए विशेष संयंत्रों का निर्माण हुआ। इन्हें हम साइक्लोट्रोन तथा सिंक्रोट्रोन नाम से जानते हैं। इनके निर्माण में बहुत खर्च होता है, इसलिए रूस व अमेरिका जैसे धनी देश ही इनका निर्माण कर पाए हैं।

इनके अलावा, प्रकृति ने भी हमें एक साधन प्रदान किया है। यह साधन है शक्तिशाली ब्रह्मांडीय किरणें। दूर के तारों एवं मंदाकिनियों से ये किरणें धरती के वायुमंडल में सतत पहुंचती रहती हैं। इनके आघातों के कारण वायुमंडल के परमाणुओं के नाभिकों का विखंडन होता है और इस प्रक्रिया में नए-नए कण जन्म

लेते हैं, जिनकी हमारे धरातल पर सतत वर्षा होती रहती है। ऊपरी वायुमंडल में यंत्रयुक्त गुब्बारे भेजकर कणों की इस बौछार का अध्ययन किया जाता है। इस विधि से भी कई नए कण खोजे गए हैं।

परमाणु के भीतर खोजे गए कुछ कण बड़े ही विचित्र हैं। 'न्यूट्रिनो' नामक कण को ही लीजिए। नाभिक के विखंडन की कुछ उलझनों के कारण वैज्ञानिकों को बहुत पहले एक नए कण की कल्पना करनी पड़ी। प्रख्यात वैज्ञानिक एनरिको फर्मो ने इसे न्यूट्रिनो (छोटा न्यूट्रोन) नाम दिया और इसके गुणधर्म निश्चित किए पर करीब तीन दशकों तक इस कण को खोज पाना संभव नहीं हुआ।

कारण यह है कि फोटोन (प्रकाश के कण) की तरह न्यूट्रिनो का स्थिर द्रव्यमान भी शून्य होता है। इस कथन का अर्थ यही है कि स्थिर न्यूट्रिनो नाम की कोई चीज नहीं है। जन्म लेते ही ये प्रकाश-वेग (एक सेकंड में 3,00,000 किलोमीटर) से दौड़ने लगते हैं। अत: अन्य कणों के साथ इनका टकराव सहज संभव नहीं है। ये पृथ्वी-पिंड से भी आर-पार हो सकते हैं। इसी कारण से इन्हें पकड़ना आसान काम नहीं था। पर अंत में 1956 में इन्हें भी पकड़ने में वैज्ञानिकों को सफलता मिली। न्यूट्रिनो के बारे में और भी कई विचित्र बातें हैं।

न्यूट्रिनो और अन्य कणों की प्रक्रियाओं के संदर्भ में परमाणु के सूक्ष्म-जगत में वैज्ञानिकों ने एक नए बल की खोज की है। यह बल नाभिकीय और विद्युत-चुंबकीय बलों से कमजोर है इसलिए इसे मंद बल का नाम दिया गया है। इस प्रकार अब तक प्रकृति में कुल चार प्रकार के बल खोजे जा चुके हैं। इन चारों बलों के आधार पर एक व्यापक सिद्धांत की स्थापना करना अभी बाकी है।

परमाणु के भीतर खोजे गए इन ढेर सारे प्राथमिक कणों के निश्चित द्रव्यमान हैं, आवेश हैं। इलेक्ट्रोन, प्रोटोन, फोटोन व न्यूट्रिनो जैसे कुछ कण चिरस्थायी बने रहते हैं, तो शेष बहुत-से कण एक सेकंड के अरबवें-खरबवें हिस्से से भी कम समय में अपनी जीवन-लीला समाप्त कर देते हैं। सभी प्राथमिक कण अपनी धुरी पर चक्कर लगाते हैं। इसे इन कणों की भ्रमि कहते हैं। इसके अतिरिक्त, प्रत्येक कण के लिए एक प्रतिकण अर्थात् कण का दर्पण-प्रतिबिंब भी मौजूद है, यह हम बता ही चुके हैं।

ऐसा है प्राथमिक कणों का यह सूक्ष्म-जगत। इतना विचित्र है यह जगत कि पिछले दशक में खोजे गए कुछ नए कणों को वैज्ञानिकों ने 'विचित्र कण' संज्ञा प्रदान की है और इनके प्रमुख गुण धर्म को 'वैचित्र्य' का नाम दिया गया है।

परमाणु के भीतर खोजे गए ये सारे कण प्राथमिक कण नहीं हो सकते। प्राथमिक कण केवल एक ही हो सकता है, जिससे दूसरे कणों का संगठन संभव हो। पर अभी तक ऐसे एक कण की पहचान नहीं हो पाई है। परमाणु के भीतर के इस सूक्ष्म जगत को अतिविशाल जगत के साथ जोड़ने के लिए एक व्यापक सिद्धांत या यांत्रिकी की भी जरूरत है। यह नया सिद्धांत सापेक्षवाद से भी अधिक क्रांतिकारी सिद्ध होगा। वैज्ञानिकों को आशा है कि इस सदी के अंत तक ऐसा एक व्यापक सिद्धांत खोज लिया जाएगा।

परमाणु के भीतर के अतिसूक्ष्म कणों का अद्भुत संसार

आचार्य कणाद का असली नाम हम नहीं जानते। उनका मत था कि संसार की सभी वस्तुएं अतिसूक्ष्म कणों के मेल से बनी हैं। इन कणों को उन्होंने परमाणु कहा। लोग उनके इस विचार से सहमत नहीं थे। वे कणाद का मजाक उड़ाते थे। कणाद शब्द का अर्थ ही है—कणों को खाने वाला।

उधर यूनानी दार्शनिक देमोक्रितु का भी यही हाल हुआ। देमोक्रितु का मत था कि यदि किसी भी वस्तु का हम विभाजन करते चले जाएं, तो अंत में एक ऐसा कण प्राप्त होगा जिसका और आगे विभाजन संभव न होगा। इस सूक्ष्म अविभाज्य कण को उन्होंने नाम दिया—एटम। यूनानी भाषा के इस 'एटम' शब्द का अर्थ है—न टूटने वाला। कणाद के परमाणुवाद की तरह देमोक्रितु के इस सिद्धांत को भी मान्यता नहीं मिली। आगे के करीब दो हजार वर्ष तक परमाणुवाद उपेक्षित पड़ा रहा। आज से करीब दो सौ साल पहले ही परमाणुवाद को पुन: जीवन मिला।

दार्शनिक दृष्टि से कणाद और देमोक्रितु को परमाणुवादों में कुछ अंतर है, परंतु दोनों का एकमत था कि परमाणु या एटम द्रव्य के सूक्ष्म अखंड कण हैं। और उन्नीसवीं सदी के अंतिम दशक तक कणाद द्वारा कल्पित परमाणु या देमोक्रितु का एटम सचमुच ही अखंड बना रहा। परंतु वर्तमान सदी के दूसरे दशक में ही स्पष्ट हो गया कि 'एटम' या 'परमाणु' अखंड नहीं हैं। परमाणु को विखंडित करना संभव हुआ। परमाणु के भीतर कई सारे अतिसूक्ष्म कणों का उद्घाटन हुआ। दो हजार साल से चले आ रहे 'एटम' या 'परमाणु' शब्दों की सार्थकता समाप्त हो गई। परंतु ये रूढ़ शब्द थे, इसलिए 'एटम' के भीतर जिन अतिसूक्ष्म कणों का उद्घाटन हो रहा था उन्हें फंडामेंटल या एलिमेंटरी पार्टिकल्स कहा गया। हम

इन्हें प्राथमिक कण कह सकते हैं या कणाद की मूल परिकल्पना के अनुसार परमाणु-कण भी कह सकते हैं।

अतिसूक्ष्म और अतिविशाल जगत

वर्तमान सदी में ही परमाणु के अतिसूक्ष्म जगत और तारों तथा आकाशगंगाओं की अतिविशाल जगत के बारे में हमें विशिष्ट जानकारी मिली है, और यह जानकारी निरंतर बढ़ती ही जा रही है। 'अतिविशाल जगत' को ही लीजिए—पिछली सदी के खगोलविदों को कुछ प्रकाश-वर्ष दूर के आकाशगंगा के कुछ विशिष्ट तारों के गुण-धर्मों की ही जानकारी थी। प्रति सेकंड 3 लाख किलोमीटर के वेग से प्रकाश-किरणें एक वर्ष में जितनी दूरी तय करती हैं, उसे खगोल-विज्ञान में प्रकाश-वर्ष

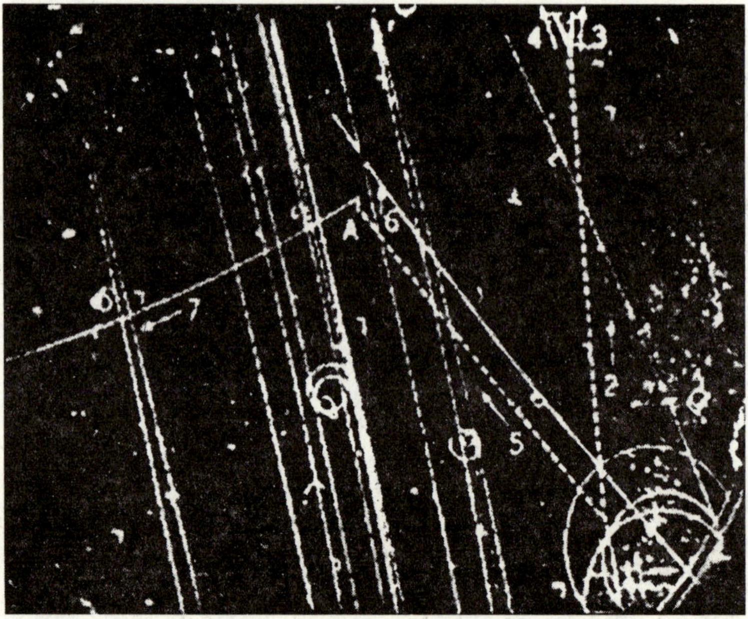

परमाणु के नाभिक के भीतर खोजे गए प्राथमिक कणों को हम देख नहीं सकते, परंतु ये कण विशेष उपकरणों में अपने स्वल्प अस्तित्व तथा स्वरूप के निशान छोड़ जाते हैं, जिनके चित्र उतारे जा सकते हैं। ऐसा ही यह एक चित्र है। नाभिकीय भौतिकवेत्ता ऐसे चित्रों का अध्ययन करके नए-नए प्राथमिक कणों को खोजकर उनके गुण-धर्मों के बारे में जानकारी प्राप्त करते हैं।

कहते हैं। वर्तमान सदी के खगोलविदों ने तारों के ऊर्जा-स्रोत का पता लगाकर उनके विकास-क्रम का भी अध्ययन किया। विश्व में करोड़ों-अरबों आकाशगंगाओं की खोज की। रेडियो-दूरबीनों से तथा अन्य अनेक साधनों से एक नए 'अतिविशाल जगत' का उद्घाटन हुआ। आज की दूरबीनें दस अरब प्रकाश-वर्ष से भी अधिक दूर की ज्योतियों को देखने में समर्थ हैं।

वर्तमान सदी में जिस अतिसूक्ष्म जगत का उद्घाटन हुआ है, वह और भी अधिक चकित कर देने वाला है। सन् 1897 ई. में परमाणु के भीतर जिस पहले कण का उद्घाटन हुआ, वह था इलेक्ट्रोन। जिस स्वाभाविक प्रक्रिया से परमाणु के नाभिक के भीतर से कुछ कण या किरणें निरंतर बाहर आती रहती हैं, उस रेडियमधर्मिता की जानकारी भी लगभग उसी समय मिली। परंतु कृत्रिम रूप से परमाणु के नाभिक से किसी कण को बाहर जाने में पहली बार सफलता मिली वर्तमान सदी के दूसरे दशक में। सन् 1919 में महान आंग्ल भौतिकवेत्ता रदरफोर्ड ने नाभिक में प्रोटोन नामक कण की खोज की। परमाणु के भीतर खोजा गया यह दूसरा प्राथमिक कण था। प्रोटोन की खोज के साथ अतिसूक्ष्म जगत के उद्घाटन के क्षेत्र में एक युग का सूत्रपात हुआ। पिछले करीब पचास वर्षों में नए-नए कणों की खोज होती रही। कुछ प्राथमिक कण सर्वप्रथम कागज के पन्नों पर गणित-सूत्रों के रूप में अस्तित्व में आए। फिर, ऊपरी वायुमंडल में ब्रह्मांडीय किरणों के वर्षाव में इन्हें खोजा गया। इसके बाद, एस्सेलरेटर नामक विशाल उपकरणों में प्रोटोन, इलेक्ट्रोन-जैसे कणों को अतितीव्र वेग प्रदान करके इनसे नाभिकों का विखंडन करके इन 'प्राथमिक कणों' का निर्माण किया गया और इनके विशिष्ट गुण-धर्मों की खोज की गई। यह खोज अब भी जारी है। अब तक तीस से भी अधिक 'प्राथमिक कणों' की खोज हो चुकी है। फिर भी नए-नए कणों की खोज जारी है। अभी हाल ही में दो नए कणों की खोज हुई है।

परमाणु के भीतर जब भी किसी नए कण की खोज होती है तो वैज्ञानिक जगत में तहलका मच जाता है। भौतिकवेत्ताओं के लिए इस खोज का विशेष महत्त्व होता है, क्योंकि 'प्राथमिक कणों' का संसार बड़ा ही विचित्र है। परमाणु में एक तरफ इलेक्ट्रोन जैसा सबसे हल्का कण है, तो इसमें इलेक्ट्रोन से करीब तीन हजार गुना भारी कण भी खोजे गए हैं। इलेक्ट्रोन ऋणावेशी का है। परमाणु के भीतर धनावेशी तथा आवेशरहित कण भी खोजे गए हैं। वस्तुतः परमाणु में

धनावेशी-ऋणावेशी कणों के जोड़े ही खोजे गए हैं। इन्हें कण और प्रतिकण कहते हैं। कण और प्रतिकण के बारे में प्रमुख बात यह है कि ये आपस में टकराते ही नष्ट हो जाते हैं, यानी इनका द्रव्य ऊर्जा में बदल जाता है।

प्राथमिक कणों का वर्गीकरण

परमाणु के भीतर अब तक जितने 'प्राथमिक कणों' की खोज हुई है, उन्हें द्रव्यमान के अनुसार कुछ वर्गों में विभाजित किया गया है। सबसे पहले हम एक परमाणु के द्रव्यमान पर विचार करेंगे। हाइड्रोजन का परमाणु सबसे हल्का होता है। हाइड्रोजन के 16,70,00,00,00,000 खरब परमाणुओं का भार एक ग्राम होगा! इससे कुछ अंदाजा लग सकता है कि हाइड्रोजन का परमाणु कितना छोटा होता है। सामान्य हाइड्रोजन के नाभिक में सिर्फ एक 'प्रोटोन कण' होता है और केवल एक इलेक्ट्रोन इसका चक्कर काटता रहता है। चूंकि इलेक्ट्रोन सबसे हल्का कण है, इसलिए उसके भार को 1 मान कर अन्य कणों के भार इलेक्ट्रोन-भार में व्यक्त किए जाते हैं। जैसे प्रोटोन का द्रव्यमान या भार 1836 इलेक्ट्रोनों के बराबर है। परमाणु के नाभिक में प्रोटोन के अलावा लगभग इतने ही द्रव्यमान वाला आवेशरहित कण भी होता है, जिसे न्यूट्रोन कहते हैं। प्रोटोन तथा न्यूट्रोन लगभग एक ही स्वरूप के कण हैं, इसलिए इन्हें एक ही 'न्यूक्लिओन' नाम से जाना जाता है।

जिन प्राथमिक कणों का भार करीब दो सौ इलेक्ट्रोनों के बराबर है, उन्हें लेप्टोन यानी लघुभार वाले कण कहते हैं। जिनका भार करीब एक हजार इलेक्ट्रोनों के बराबर है, उन्हें मेसोन अर्थात् मध्यम भार वाले कण कहते हैं। जिन कणों का भार 1800 इलेक्ट्रोन-भार से अधिक है, उन्हें बेरिओन यानी उच्चभार वाले कण कहते हैं। न्यूक्लिओन का समावेश इन्हीं के अंतर्गत होता है। जो प्राथमिक कण न्यूक्लिओन से अधिक भारी हैं, उन्हें हाइपरोन कहते हैं। अब तक हमें ऐसे हाइपरोन यानी उच्च भार वाले प्राथमिक कणों की जानकारी थी, जिसका द्रव्यमान करीब 2600 इलेक्ट्रोनों के बराबर है। परंतु अब हाल ही में जिन दो नए कणों की खोज हुई है, उनके द्रव्यमान क्रमशः 3105 तथा 3695 इलेक्ट्रोन-भार के तुल्य हैं। इन दोनों कणों की खोज अमेरिका के वैज्ञानिकों ने एस्सेलरेटरों की सहायता से की है।

एस्सेलरेटर : नाभिक को तोड़कर उसके भीतर से अतिसूक्ष्म कणों को बाहर निकालने वाला विशाल संयंत्र

कुछ ऐसे भी प्राथमिक कण हैं जिनका द्रव्यमान शून्य माना जाता है। उदाहरण के लिए, फोटोन नामक कण को लीजिए। वर्तमान सदी के प्रथम दशक में आइंस्टाइन ने सिद्ध किया कि विद्युत-चुंबकीय बल का अस्तित्व इन्हीं फोटोन कणों के कारण है। चूंकि प्रकाश विद्युत-चुंबकीय विकिरण है, इसलिए प्रकाश एक प्रकार से इन 'फोटोन कणों' या विकिरणों का प्रवाह है। हां, सभी प्राथमिक कणों को हम तरंगों के रूप में भी ग्रहण कर सकते हैं। फोटोन कण चिरस्थायी रहते हैं, और निरंतर प्रकाश-वेग से दौड़ते रहते हैं। चूंकि प्रकाश-वेग से दौड़ते रहने में ही इनका अस्तित्व है, इसलिए हम कहते हैं कि इनका स्थिर-द्रव्यमान शून्य है। इसी प्रकार, न्यूट्रिनो नामक कण को 'शून्य द्रव्यमान' वाला माना जाता है। चिरस्थायी तथा आवेशरहित होने के कारण यह कण पृथ्वी-जैसे विशाल पिंड से भी बड़ी आसानी से आरपार हो जाता है। फिर भी भौतिक-वेत्ताओं को इसके अस्तित्व को सिद्ध करने में सफलता मिली है।

कुछ प्राथमिक कण चिरस्थायी बने रहते हैं, जैसे—इलेक्ट्रोन, न्यूट्रिनो और प्रोटोन। न्यूट्रोन जब तक परमाणु के नाभिक में रहता है, तभी तक स्थायी रहता है। नाभिक के बाहर आते ही करीब 12 मिनटों में यह प्रोटोन, इलेक्ट्रोन

तथा न्यूट्रिनो में विखंडित हो जाता है। दूसरे बहुत-से प्राथमिक कण क्षणांश में ही अपनी जीवनलीला समाप्त करके दूसरे मेसोन, प्रोटोन, इलेक्ट्रोन आदि कणों में बदल जाते हैं। अधिकांश मेसोन तथा हाइपरोन कण एक सेकंड के अरबवें-खरबवें हिस्से से भी कम समय में अपनी जीवनलीला समाप्त कर देते हैं। फिर भी ऐसे कणों का अध्ययन करना संभव हुआ है। कारण यह है कि इतने अल्प समय में भी ये कण कई मीटर की दूरी तय कर लेते हैं। परंतु पिछले दशक में भौतिकवेत्ताओं ने कुछ ऐसे भी कणों की खोज की है जो एक सेकंड के 1, 00,00,00,00,00,00,00,00,00,00,000 वें हिस्से में ही अपनी जीवनलीला समाप्त कर देते हैं। इतने स्वल्प समय में ये कण मुश्किल से एक सेंटीमीटर के 1,00,00,00,00,00,000 वें हिस्से की दूरी तय कर पाते हैं। 'प्रोटोन कण' का व्यास भी इतना ही होता है, इसलिए हम कह सकते हैं कि ये अद्‌भुत कण अस्तित्व में आने के बाद मुश्किल से प्रोटोन कण के आकार इतनी दूरी तय करते हैं, और मिट जाते हैं। इन कणों को 'रिजोनेंस' कणों का नाम दिया गया है।

प्राथमिक कणों की एक और विशेषता है—उनके आवेश। इलेक्ट्रोन ऋणावेशी कण है। सन् 1928 में आंग्ल भौतिकवेत्ता पाल डिराक 'क्वांतम यांत्रिकी' के समीकरणों को हल करते हुए इस परिणाम पर पहुंचे कि इलेक्ट्रोन के समान द्रव्यमान वाले किंतु इसके विपरीत आवेश वाले किसी 'प्राथमिक कण' का भी अस्तित्व होना चाहिए। और, सन् 1932 में कार्ल एंडरसन ने सचमुच ही ऐसा कण खोज निकाला। इस धनावेशी इलेक्ट्रोन को पोजिट्रोन नाम दिया गया। इस 'पोजिट्रोन' को हम इलेक्ट्रोन का प्रतिकण कहेंगे। इस खोज के बाद प्राय: प्रत्येक कण के लिए एक प्रतिकण खोजा गया है। आवेश के अलावा शेष सभी बातों में प्रतिकण, कण जैसे ही होते हैं। प्रतिकण क्षणांश के लिए जीवित रहते हैं। जैसे पोजिट्रोन का जीवन-काल एक सेकंड का एक अरबवां हिस्सा है। असल में कण तथा प्रतिकण के जोड़े की मुख्य विशेषता यह है कि टकराते ही ये विस्फोटित होकर ऊर्जा में बदल जाते हैं। इसीलिए हमारे इस विश्व में प्रतिकणों का कोई स्थायी अस्तित्व नहीं है। अनेक वैज्ञानिकों का मत है कि इस विश्व में अन्य मुख्यत: प्रतिकणों से निर्मित प्रति द्रव्य का भी अस्तित्व होना चाहिए।

प्राथमिक कणों की और भी कुछ विशेषताएं हैं। जैसे, यह कहा जा सकता है कि सभी कण अपनी धुरी पर भ्रमण करते हैं। इस धुरी-भ्रमण को हम भूमि कहेंगे। 'क्वांतम सिद्धांत' में इस भूमि को ऊर्जा के स्तरों के रूप में स्वीकार किया

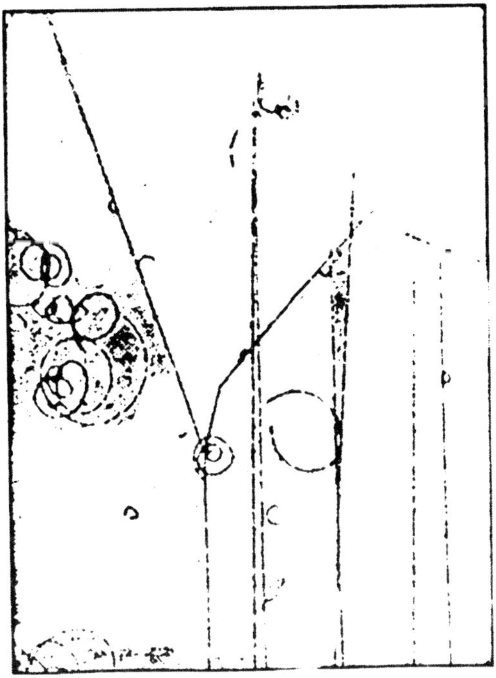

परमाणुओं के भीतर के प्राथमिक कणों के पथों के चित्र इस प्रकार प्राप्त किए जाते हैं। इनके आधार पर फिर इन कणों के गुण-धर्म खोजे जाते हैं।

गया है और इसके तीन मान हैं—एक, आधा और शून्य। फोटोन की भूमि एक है, इलेक्ट्रोन की आधी, मध्यम भार वाले मेसोन कणों की शून्य और प्रोटोन-न्यूट्रोन सहित सभी उच्च भार वाले कणों की आधी है। अत: लगता है कि कम-ज्यादा भार वाले इन सभी प्राथमिक कणों के गुण-धर्मों में कुछ तारतम्य है। परंतु पता चला है कि 'का-मेसोन' और 'हाइपरोन' वर्ग के कणों से संबंधित कई बातें बड़ी विचित्र हैं। फिर क्या था! नोबेल पुरस्कार विजेता भौतिकवेत्ता गेलमान ने इस विचित्रता यानी 'स्ट्रेंजनेस' को प्राथमिक कणों का एक मौलिक गुण मान लिया। स्ट्रेंजनेस को अंकों में व्यक्त किया गया और फिर अन्य कणों की भी 'स्ट्रेंजनेस' यानी विचित्रता निर्धारित की गई। सचमुच ही, परमाणु के भीतर के इन प्राथमिक कणों का संसार बड़ा विचित्र है।

प्राथमिक कण और विविध बल

हम जानते हैं कि इस विश्व का हर पिंड, हर दूसरे पिंड को एक निश्चित बल के अनुसार आकर्षित करता है। इस बल को हम गुरुत्व बल अथवा गुरुत्वाकर्षण कहते हैं। सर्वप्रथम न्यूटन ने हमें इस विश्वव्यापी बल की जानकारी दी और इसके लिए एक नियम भी प्रदान किया। परंतु स्वयं न्यूटन भी नहीं जानते थे कि यह गुरुत्वाकर्षण वस्तुत: क्या है और कैसे घटित होता है।

हमारे अधिक परिचय का दूसरा बल है—विद्युत-चुंबकीय बल। इसके अनुसार, समान आवेश वाले कण एक-दूसरे को दूर ढकेलते हैं और विपरीत आवेश वाले कण एक-दूसरे को आकर्षित करते हैं। हम यह भी जानते हैं कि 'आवेशी कण' अपने चतुर्दिक विद्युत-चुंबकीय क्षेत्र का निर्माण करते हैं। वस्तुत: यह क्षेत्र द्रव्यमय होते हैं। वर्तमान सदी के प्रथम दशक में आइंस्टाइन ने सिद्धांत प्रस्तुत किया कि विद्युत-चुंबकीय विकिरण का प्रसारण, ऊर्जा अथवा द्रव्य के अतिसूक्ष्म पुंजों अथवा कणों के रूप में होता है। इन पुंजों को बाद में फोटोन कणों का नाम मिला। संक्षेप में, फोटोन विद्युत-चुंबकीय विकिरण के कण हैं। जैसाकि हम बता चुके हैं, निरंतर प्रकाश-वेग से दौड़ते रहने के कारण ही इन फोटोन कणों का अस्तित्व है। परमाणु के भीतर के कुछ प्राथमिक कणों के स्वरूपांतरों से ही इन फोटोनों का जन्म होता है, इसलिए इन्हें भी प्राथमिक कण मान लिया गया है।

विद्युत-चुंबकीय बल की तुलना में गुरुत्वाकर्षण एक अत्यंत क्षीण बल है। इसीलिए नाभिक और इलेक्ट्रोन के बीच के गुरुत्वाकर्षण का कोई हिसाब नहीं किया जाता। दूसरी ओर, पृथ्वी और चंद्र-जैसे पिंड काफी दूर होने पर भी इनके बीच बड़ा गुरुत्वाकर्षण होता है। कारण यह है कि इन पिंडों के परमाणुओं में ऋणावेशी तथा घनावेशी कणों की संख्या समान होती है, इसलिए उनके विद्युत-चुंबकीय बल एक-दूसरे को काट देते हैं। परंतु ये पिंड बड़े होते हैं, इसलिए इनका गुरुत्व-बल काफी प्रभावशाली होता है।

आइंस्टाइन ने गुरुत्वाकर्षण को दिवकाल की चौखट में बिठाया, यानी गुरुत्वाकर्षण के क्षेत्र को द्रव्यमय बनाया और इसे एक निश्चित वेग प्रदान किया। फिर भी गुरुत्व बल की समस्याओं का समाधान नहीं हुआ। आइंस्टाइन ने गुरुत्वाकर्षण और विद्युत-चुंबकीय बल में तारतम्य खोजने की भी बड़ी कोशिश

की, किंतु उन्हें सफलता नहीं मिली। आज भी प्रश्न बना हुआ है कि वह क्या चीज है जिसके माध्यम से दो पिंडों के बीच गुरुत्वाकर्षण की प्रक्रिया घटित होती है। वर्तमान सदी के प्रथम चरण तक हमें इस भौतिक जगत के केवल दो बलों के बारे में ही जानकारी थी—गुरुत्वीय बल और विद्युत-चुंबकीय बल। क्योंकि, परमाणु के बाहर के विशाल जगत में केवल इन्हीं दो बलों के दर्शन होते हैं। परंतु इस विश्व में और भी बलों का अस्तित्व है, लेकिन इनके दर्शन हमें परमाणु के भीतर के सूक्ष्म जगत में ही हो सकते हैं। उदाहरण के लिए, प्रकृति के दूसरे भारी तत्त्व हीलियम के नाभिक पर विचार कीजिए। इसमें दो प्रोटीन और दो न्यूट्रोन होते हैं। वह कौन सा बल है जो इन चार कणों को एक गठरी में बांधे रखता है? निश्चय ही यह विद्युत-चुंबकीय बल नहीं है, क्योंकि उस स्थिति में प्रोटोन-जैसे दो धनावेशी कण एक-दूसरे को दूर ढकेलते। अत: ऐसे किसी शक्तिशाली बल का अस्तित्व अवश्य होना चाहिए जो इन प्रोटोन तथा न्यूट्रोन कणों को एक गठरी में बांधता है।

हम देख चुके हैं कि विद्युत-चुंबकीय बल का अस्तित्व 'फोटोन' कणों के कारण है। तो क्या नाभिकीय बल का अस्तित्व भी किसी कण के कारण है? जापानी भौतिकवेत्ता युकावा ने कागज के पन्नों पर ऐसे एक कण की खोज शुरू कर दी और 1935 में इसके गुण-धर्म भी निर्धारित किए। इस कण की वास्तविक खोज हुई 1947 में। प्रोटोन तथा न्यूट्रोनों को जोड़ने वाले एक प्रकार के नाभिकीय गोंद के रूप में हम इस कण की कल्पना कर सकते हैं। नाभिकीय बल के लिए जिम्मेदार इस कण को पाइ-मेसोन का नाम दिया गया। पाइ-मेसोन का द्रव्यभार करीब 273 इलेक्ट्रोनों के बराबर है। प्रयोगों से पता चलता है कि इन पाइ-मेसोन कणों का आदान-प्रदान करके प्रोटोन और न्यूट्रोन एक-दूसरे में बदलते रहते हैं।

नाभिकीय बल वस्तुत: दो प्रकार के हैं—तीव्र नाभिकीय बल और क्षीण नाभिकीय बल। न्यूक्लिओन, हाइपरोन तथा मेसोन कणों के बीच घटित होने वाली परस्पर क्रियाओं को तीव्र नाभिकीय बल कहा गया है। विश्व के अब तक के ज्ञात बलों में यही बल सबसे अधिक शक्तिशाली है। यह बल विद्युत-चुंबकीय बल से 100 गुना शक्तिशाली होता है। जिन बलों के कारण नाभिकीय कणों का विखंडन होता है, उन्हें क्षीण नाभिकीय बल कहा गया है। यह बल तीव्र नाभिकीय बल से करीब 1000 अरब गुना क्षीण होता है। इसके लिए ठीक कौन-सा प्राथमिक कण

जिम्मेदार है, यह नहीं कहा जा सकता। इन नाभिकीय बलों के बारे में एक विशेष बात यह है कि इनका प्रभाव प्रोटोन कण के व्यास इतनी दूरी तक ही रहता है, यानी एक सेंटीमीटर के 1000 अरबवें हिस्से की दूरी तक ही इनके प्रभाव क्षेत्र का विस्तार है!

इस प्रकार अब तक कुल चार बलों की खोज हुई—तीव्र नाभिकीय बल, विद्युत-चुंबकीय बल, क्षीण नाभिकीय बल और गुरुत्वाकर्षण बल। ये क्रमश: अधिकाधिक क्षीण बल हैं। गुरुत्व-बल से हमारा अधिक परिचय होने पर भी इसकी कई समस्याएं अभी सुलझी नहीं हैं। कई वैज्ञानिकों का मत है कि इस बल के लिए जिम्मेदार कोई प्राथमिक कण अवश्य होना चाहिए। इस कल्पित कण को एक नाम भी दिया गया है—ग्रेविटोन। इन चारों बलों को एकसूत्र में बांधना जरूरी है। इसका अर्थ यह है कि अतिसूक्ष्म तथा अतिविशाल जगतों में एक तारतम्य खोजना जरूरी है। अभी अति-विशाल जगत की व्याख्या आइंस्टाइन के आपेक्षिकता सिद्धांत से होती है और अतिसूक्ष्म जगत की व्याख्या क्वांतम यांत्रिकी से। नए बलों की भी खोज हो सकती है। नए प्राथमिक कण खोजे ही जा रहे हैं। इस प्रकार, परमाणु के भीतर के अतिसूक्ष्म जगत की घटनाओं के बारे में बहुत सारे प्रायोगित तथ्य एकत्र हो गए हैं। अब जरूरत है—इन तथ्यों को एकसूत्र में बांधने वाले एक व्यापक सिद्धांत की। जिस प्रकार मेंडलीफ ने सभी तत्त्वों के लिए एक आवर्त तालिका प्रस्तुत की थी, उसी प्रकार अब इन बहुत सारे प्राथमिक कणों के लिए हमें एक आवर्त तालिका की आवश्यकता है।

तापनाभिकीय ऊर्जा

सूरज-जैसी ऊर्जा हाइड्रोजन-बम के रूप में मानव ने पैदा तो कर ली है, लेकिन उसे नियंत्रित कर दोहन के लायक बनाने के प्रयास पिछले कुछ दशकों से चल रहे हैं। आज क्या स्थिति है?

आदमी आदिकाल से सोचता आ रहा है—सूर्य में कौन-सी आग जलती है? तारे किस चीज से चमकते रहते हैं? पुराने जमाने के लोग इसे नहीं जानते थे। मगर आज हम जानते हैं कि सूर्य और दूसरे तारों में कौन-सी आग जलती है। यह जानकारी हमें इसी सदी में मिली है।

जैसी ऊर्जा सूर्य और दूसरों तारों में पैदा होती है, वैसी ऊर्जा का निर्माण क्या धरती पर संभव नहीं है? संभव है। दरअसल, सूर्य जैसी ऊर्जा का निर्माण हमने धरती पर कर भी लिया है। यह है—हाइड्रोजन-बम की ऊर्जा।

हाइड्रोजन-बम के विस्फोट में उसी प्रकार की ऊर्जा पैदा होती है, जैसी कि सूर्य और दूसरे तारों में लगातार पैदा होती रहती है।

विस्फोटक ऊर्जा

लेकिन हाइड्रोजन-बम की ऊर्जा भयंकर विस्फोट के साथ बाहर आती है। बिजली पैदा करने के लिए हम उसका उपयोग कैसे कर सकते हैं? परमाणु बम की ऊर्जा भी भयंकर विस्फोट के साथ बाहर निकलती है। पर वैज्ञानिकों ने इस ऊर्जा पर अब नियंत्रण प्राप्त कर लिया है। परमाणु-बम यानी यूरेनियम या प्लूटोनियम की परमाणु ऊर्जा को धीरे-धीरे अल्प मात्रा में प्राप्त करके उससे बिजली पैदा करने का तरीका वैज्ञानिकों ने आठ दशक पहले ही खोज लिया था। हमारे तारापुर या राणा प्रताप सागर या नरोरा के परमाणु बिजलीघरों के रिएक्टरों में इसी तरह की ऊर्जा पैदा की जाती है।

हाइड्रोजन-बम की ऊर्जा को भी इसी प्रकार नियंत्रित रूप में प्राप्त किया जा सकता है। लेकिन यह है बड़ा ही कठिन काम। संसार के कई उन्नत देशों के वैज्ञानिक पिछले करीब छह दशकों से इस कार्य में जुटे हैं। इस दिशा में उन्हें काफी सफलता भी मिली है। ताजी जानकारी के अनुसार, अमेरिका और इंग्लैंड के एक संयुक्त वैज्ञानिक दल ने इस प्रकार की ऊर्जा (तापनाभिकीय ऊर्जा) प्राप्त करने का एक नया तरीका खोज निकाला है। यदि इस नए तरीके से व्यावसायिक स्तर पर बिजली पैदा करना संभव हो जाता है, तो मानवजाति ऊर्जा-संकट से सदा के लिए मुक्त हो जाएगी।

अपरिमित ईंधन

सचमुच, बात ऐसी ही है। इस प्रकार की ऊर्जा के लिए धरती पर ईंधन की कोई कमी नहीं। यह ईंधन है, हाइड्रोजन के परमाणु। संसार-भर के महासागरों के पानी में इतना अधिक हाइड्रोजन मौजूद है कि हम उसका लाखों-करोड़ों सालों तक इस्तेमाल करते रह सकते हैं। दुनिया का कोई भी देश इस प्रकृति-प्रदत्त ईंधन का बेरोकटोक उपयोग कर सकता है।

परमाणु-बम और हाइड्रोजन-बम की ऊर्जाओं में एक महत्त्वपूर्ण बुनियादी अंतर है। परमाणु-बम या हमारे आज के परमाणु बिजलीघरों के रिएक्टरों में जो ऊर्जा पैदा होती है, वह यूरेनियम या प्लूटोनियम के भारी परमाणुओं के नाभिकों के विखंडन (फिशन) से पैदा होती है। इन तत्त्वों के ये नाभिक न्यूट्रान-कणों के आघातों से टूटते हैं। इसलिए इसे परमाणुओं के विखंडन की ऊर्जा कहते हैं।

जुड़ने की ऊर्जा

लेकिन हाइड्रोजन-बम की परमाणु ऊर्जा नितांत भिन्न किस्म की है। उसमें परमाणुओं के नाभिक टूटते नहीं, बल्कि आपस में जुड़ जाते हैं, एक-दूसरे में संगलित हो जाते हैं। इसलिए इसे परमाणुओं के संगलन (फ्यूजन) की ऊर्जा कहते हैं। जब विशेष किस्म के हाइड्रोजन के परमाणु आपस में संगलित होकर हीलियम में रूपांतरित हो जाते हैं, तब यह ऊर्जा पैदा होती है। सूर्य और दूसरे तारों की केंद्रीय भट्ठियों में इसी तरह की भीषण ऊर्जा निरंतर पैदा होती रहती है।

लेकिन हाइड्रोजन के संगलन की इस ऊर्जा को पैदा करना आसान काम नहीं है। तारों के केंद्र भाग फे अत्यधिक ऊंचे दाब की स्थितियों में संगलन की यह प्रक्रिया कई करोड़ डिग्री सेंटिग्रेड पर संपन्न होती है। हमारे सूर्य की केंद्रीय भट्ठी का तापमान करीब दो करोड़ डिग्री सेंटिग्रेंड है। हाइड्रोजन के नाभिकों के संगलन के लिए बहुत ऊंचे तापमान की जरूरत होती है, इसलिए नाभिकों के इस संगलन से जो ऊर्जा पैदा होती है उसे वैज्ञानिकों ने तापनाभिकीय ऊर्जा (थर्मोन्यूक्लियर इनर्जी) का नाम दिया है।

पात्र की तलाश

अब सवाल है कि हाइड्रोजन के संगलन की इस ऊर्जा को भयंकर विस्फोट के बजाय धीरे-धीरे प्राप्त करके उपयोग में कैसे लगाया जाए? करीब दो करोड़ डिग्री सेंटिग्रेड तापमान वाले हाइड्रोजन को किस पात्र में रखा जाए? सूर्य और दूसरे तारे अपने गुरुत्वाकर्षण बल से अपनी केंद्रीय भट्ठी को धारण किए रखते हैं। लेकिन हम क्या करें? ऐसा कौन-सा पात्र है जो करीब दो करोड़ डिग्री सेंटिग्रेड तापमान वाली चीज को धारण करके रख सकता है?

वैज्ञानिकों ने इसका उपाय भी खोज लिया है। चुंबकीय शक्ति से अत्यंत ऊंचे तापमान वाले हाइड्रोजन ईंधन को निरालंब लटकते रखा जा सकता है। इसे ठीक से समझने के लिए पहले यह जानना जरूरी है कि तापनाभिकीय ऊर्जा के लिए किस किस्म के हाइड्रोजन ईंधन का इस्तेमाल किया जाता है।

सामान्य हाइड्रोजन के परमाणु के नाभिक में एक प्रोटान-कण होता है, और एक इलेक्ट्रोन-कण उसकी परिक्रमा करता रहता है। मगर प्रकृति में और भी दो किस्म के हाइड्रोजन-परमाणु पाए जाते हैं—ड्यूटेरियम और ट्रिशियम। ड्यूटेरियम के नाभिक में एक प्रोटान और एक न्यूट्रान होता है। ट्रिशियम के नाभिक में एक प्रोटान और दो न्यूट्रान होते हैं। प्रकृति में ड्यूटेरियम पर्याप्त मात्रा में मौजूद हैं। ड्यूटेरियम के दो परमाणु और ऑक्सीजन का एक परमाणु मिलकर भारी पानी (हेवी वाटर) का एक अणु बनता है। महासागरों की विशाल जलराशि में 6000 वां हिस्सा भारी पानी का है। सामान्य हाइड्रोजन के स्थान पर ड्यूटेरियम और ट्रिशियम गैसों का इस्तेमाल किया जाए, तो करीब 2 करोड़ डिग्री तापमान पर इन्हें संगलित करके तापनाभिकीय ऊर्जा प्राप्त की जा सकती है।

अत्यधिक ऊंचे तापमान पर परमाणुओं के नाभिक और इलेक्ट्रोन एक-दूसरे से टूटकर अलग हो जाते हैं। इस प्रकार परमाणु-कणों वाला जो गैसीय द्रव्य बनता है उसे प्लाज्मा कहते हैं।

टायरनुमा पात्र

अब कल्पना कीजिए मोटर के टायर (टोरोआयड) के आकार के एक ऐसे पात्र की, जिसके इर्द-गिर्द शक्तिशाली चुंबक स्थापित किए जाते हैं। ऐसे पात्र में स्थापित ड्यूटेरियम और ट्रिशियम के प्लाज्मा को जब लगभग 2 करोड़ डिग्री तापमान पर पहुंचा दिया जाए, तब वह टायरनुमा पात्र के केंद्र भाग में तेजी से चक्कर काटने लग जाएगा। वह प्लाज्मा उस टायरनुमा पात्र की भीतरी दीवारों को स्पर्श नहीं करेगा। वैज्ञानिकों ने इस प्रकार अतितप्त प्लाज्मा को धारण कर सकने वाले एक पात्र की खोज कर ली है।

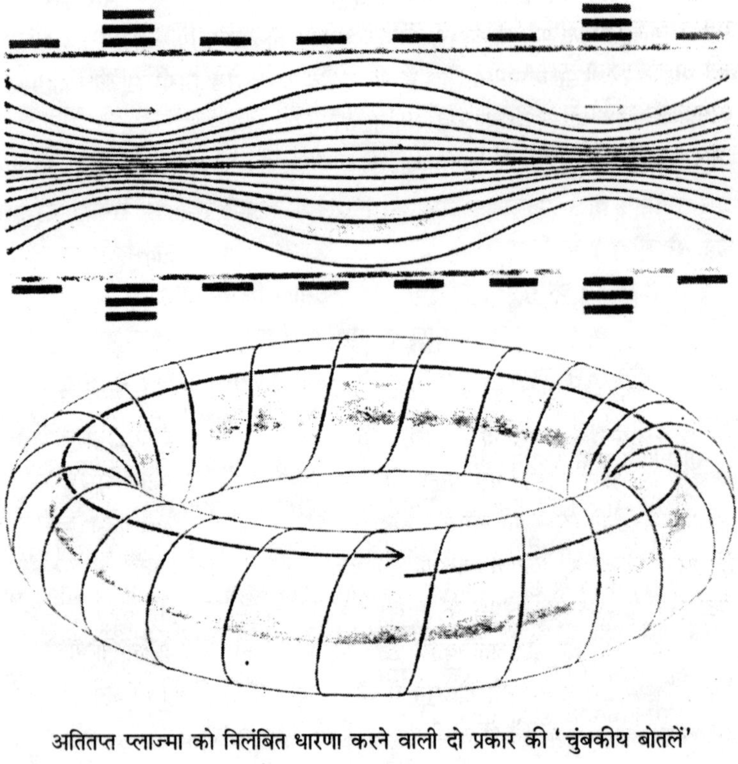

अतितप्त प्लाज्मा को निलंबित धारणा करने वाली दो प्रकार की 'चुंबकीय बोतलें'

भूतपूर्व सोवियत वैज्ञानिकों द्वारा विकसित इस टायरनुमा पात्र का रूसी नाम है—तोकमक। तापनाभिकीय ऊर्जा के क्षेत्र के अनुसंधान-कार्य के लिए संसार के अनेक देशों ने इस तोकमक उपकरण को अपनाया है। हमारे देश में अहमदाबाद की भौतिकीय प्रयोगशाला में 'आदित्य' नामक एक छोटा तोकमक स्थापित किया गया है। कोलकाता के साहा नाभिकीय भौतिकी संस्थान में भी एक तोकमक स्थापित किया गया है।

प्लाज्मा की लीलाएं

भूतपूर्व सोवियत संघ और अमेरिका के वैज्ञानिकों ने तोकमक में स्थित प्लाज्मा को करीब डेढ़ करोड़ डिग्री सेंटिग्रेड तापमान प्रदान करने और उसे करीब एक सेकंड के अल्पांश तक सुस्थिर रखने में सफलता प्राप्त कर ली है। प्लाज्मा की लीलाएं बड़ी विचित्र हैं। उसे सुस्थिर रखने में बड़ी कठिनाइयां हैं। यदि उसे करीब एक सेकंड तक सुस्थिर रखने में सफलता मिल जाए, तो फिर उसे आगे ताप देने की आवश्यकता नहीं रहती। नाभिकों के संगलन की प्रक्रिया शुरू हो गई तो फिर अपनी ही ऊर्जा से आगे जारी रहेगी। संगलन की इस प्रक्रिया में जो न्यूट्रानकण और गामा-किरणें जन्म लेंगी उनसे सीधे बिजली पैदा हो जाएगी।

नई तकनीक

अमेरिका और इंग्लैंड के एक संयुक्त वैज्ञानिक दल ने उटाह विश्वविद्यालय में किए गए एक प्रयोग में, काफी अल्प मात्रा में ही सही, संगलन की ऊर्जा प्राप्त करने में सफलता प्राप्त की है। प्रयोग सरल है। उन्होंने कांच के एक छोटे पात्र में ड्यूटेरियम-युक्त भारी पानी लिया और उसमें धातु के दो इलेक्ट्रोडों के जरिये बिजली की धारा छोड़ी। पता चला कि विद्युत अपघटन (इलेक्ट्रोलेसिस) की इस प्रक्रिया में ड्यूटेरियम का संगलन होता है और ऊर्जा के न्यूट्रान कण जन्म लेते हैं। अन्य शब्दों में, जितनी बिजली की खपत होती है, उससे कुछ अधिक ऊर्जा पैदा होती है। यह ड्यूटेरियम के संगलन की तापनाभिकीय ऊर्जा है।

यह एक नई और क्रांतिकारी खोज है। भारत की दो प्रयोगशालाओं ने दावा किया है कि इस प्रयोग को दोहराने में उन्हें सफलता मिली है। लेकिन इस प्रयोग को व्यावहारिक रूप देने में अभी काफी समय लगेगा।

तापनाभिकीय ऊर्जा के नियंत्रण और निर्माण में सफलता प्राप्त करने का अर्थ है—ऊर्जा के संकट की सदा के लिए समाप्ति। इस ऊर्जा के लिए धरती पर ईंधन की कोई कमी नहीं। दूसरी बात यह है कि यह ऊर्जा काफी हद तक प्रदूषण-रहित होगी। इस ऊर्जा के उत्पादन में ऐसी कोई रेडियोधर्मी 'राख' नहीं पैदा होती, जो मानव के लिए दीर्घकालीन खतरा बन जाए। हमें उम्मीद रखनी चाहिए 21वीं सदी में सूरज की आग को धरती पर प्रज्वलित करने के इस प्रयास को सफलता मिल गई है।

परमाणु ईंधन

कोयला, तेल नहीं; यूरेनियम और थोरियम

हमारे देश के गांवों में ईंधन के लिए अधिकतर लकड़ी, घास-फूस तथा गोबर के उपलों का इस्तेमाल होता है। शहरों के कल-कारखाने बिजली से या पत्थर के कोयले से चलते हैं। बिजली या तो कोयले से पैदा की जाती है या पानी के प्रवाह से। मोटरें, हवाई जहाज और रेल-इंजन पेट्रोल से चलते हैं। पत्थर का कोयला और मिट्टी का तेल हमारी वर्तमान औद्योगिक संस्कृति के प्रमुख ईंधन हैं।

वस्तुतः ये सारे ईंधन हमें सूर्य की कृपा से प्राप्त हुए हैं। लगभग 30-35 करोड़ वर्ष पहले हमारी धरती पर विशाल वृक्षों के जंगल थे। पत्थर का कोयला इन्हीं से बना है। उसी प्रकार, 15-20 करोड़ वर्ष पहले धरती पर भीमकाय सरीसृपों (रेंगने वाले जन्तु या सांपों) का साम्राज्य था। वैज्ञानिक बतलाते हैं कि इन्हीं प्राणियों के अवशेषों से भूगर्भ का तेल बना है। भूगर्भ के इन ईंधनों—कोयला और तेल—का इस्तेमाल हम लगभग पिछले दो सौ वर्षों से ही करने लगे हैं वैसे वर्तमान शताब्दी में ही इनका अधिक उपयोग हुआ है, जबकि इनके उत्पादन के नए तरीके खोजे गए।

लेकिन हमारे ये प्रमुख ईंधन कितने दिनों तक चलेंगे? वैज्ञानिकों का अनुमान है कि इनके इस्तेमाल की यदि यही रफ्तार रही, तो वर्तमान शताब्दी के अंत तक भूगर्भ में कोयले एवं मिट्टी के तेल का संग्रह नगण्य रह जाएगा। भूगर्भ में इन ईंधनों का संग्रह अनंत है भी नहीं।

तब क्या होगा? चिंता की बात नहीं है। अब हमने परमाणु-ईंधन की खोज कर ली है। लकड़ी, कोयला, तेल आदि ये सभी रासायनिक-ईंधन कहे जाएंगे।

इनसे शक्ति प्राप्त करने के लिए बहुत सारा ईंधन जलाना पड़ता है, किंतु इसके जलने पर परमाणु-शक्ति के लिए बहुत कम ईंधन की जरूरत पड़ती है। ईंधन चाहे जो हो, इसके जलने पर जब ऊर्जा (शक्ति) प्राप्त होती है तो पदार्थ का कम या अधिक मात्रा में क्षय होता ही है। कोयला जलता है तो इतनी कम पदार्थ-राशि का क्षय होता है कि इसे हम सहज ढंग से माप भी नहीं सकते। किंतु आइंस्टाइन का एक प्रसिद्ध समीकरण हमें बतलाता है कि कितना ईंधन (पदार्थ-राशि) जलने पर कितनी शक्ति प्राप्त होती है। कोयला, मिट्टी का तेल आदि ईंधन रासायनिक प्रक्रिया से जलते हैं, इसलिए उनमें पदार्थ-राशि का अधिक क्षय नहीं होता। परंतु यूरेनियम जैसा परमाणु-शक्ति वाला ईंधन में अधिक पदार्थ-राशि का क्षय होता है।

एक उदाहरण से यह तथ्य स्पष्ट हो जाएगा। परमाणु शक्ति का एक ईंधन है 'यूरेनियम-235'। एक ग्राम यूरेनियम-235 के परमाणु-नाभिक जब विखंडित होते हैं तो 0.0008 ग्राम पदार्थ-राशि का क्षय होकर यह ऊर्जा अर्थात् शक्ति में बदल जाती है। एक किलोग्राम से थोड़ा अधिक यूरेनियम हो तो इसके केवल एक ग्राम पदार्थ-राशि का क्षय होगा। इस एक ग्राम पदार्थ-राशि के क्षय होने से जो शक्ति प्राप्त होगी वह 3000 टन कोयले के जलने से प्राप्त शक्ति के बराबर होगी! यह तो यूरेनियम की बात हुई; परंतु हाइड्रोजन जैसे छोटे परमाणु-नाभिकों का संगलन होता है तो अधिक पदार्थ-राशि का क्षय होता है और अधिक ऊर्जा प्राप्त होती है। यही कारण है कि एटम बम से हाइड्रोजन-बम की विध्वंसक शक्ति कई गुना अधिक होती है।

यही सारे कारण हैं कि अब परमाणु-शक्ति का उत्पादन परमावश्यक हो गया है। यह सही है कि एक ओर परमाणु-अस्त्रों का खतरा हमारे लिए अत्यंत चिंता का विषय है, किंतु दूसरी ओर परमाणु शक्ति के अनगिनत लाभ भी हैं। संसार के विकसित देशों में परमाणु शक्ति के नित नए उपयोग ईजाद किए जा रहे हैं। अब परमाणु-शक्ति से चलनेवाले जहाज बन रहे हैं, परमाणु-शक्ति से बिजली भी पैदा की जा रही है। अब वह दिन बहुत दूर नहीं जब कोयला और तेल जैसे ईंधनों का स्थान यूरेनियम, प्लूटोनियम, थोरियम जैसे परमाणु-ईंधन ले लेंगे।

जर्मन ज्योतिषी विलियम हर्शेल ने 1781 में आकाश में एक नया ग्रह खोजा और इसे 'यूरेनस' (एक यूनानी देवता) का नाम दिया। क्लापरोथ ने आठ साल

लेनिन अणुपोत : क्रांति के क्या-क्या रूप

बाद (1789 में) कच्ची धातु पिचब्लैंडे से एक नया अद्भुत पदार्थ खोज निकाला तो उसे 'यूरेनियम' का नाम दिया—यूरेनस ग्रह के नाम का अनुकरण करते हुए। क्लापरोथ ने यूरेनियम के नाम से जो पदार्थ प्राप्त किया था वह असल में यूरेनियम

की 'मिट्टी' (ऑक्साइड) थी। धातु के रूप में पहली बार यूरेनियम प्राप्त किया था। फ्रांस के वैज्ञानिक पेलिंगो ने, 1841 में।

ऊपरी निगाह से देखें तो यूरेनियम धातु में कोई खास बात नहीं दिखाई देती। यह बहुत भारी होती है, पानी से लगभग 19 गुना भारी; इसका विशिष्ट-गुरुत्व है 19.05, अर्थात् यह सीसे से दुगुना भारी है। यूरेनियम धातु इस्पात की तरह दिखाई देती है, परंतु यह बहुत नरम होती है। यदि इसे तपाया जाए तो पीटकर इसके तार या पत्रियां निकाली जा सकती हैं।

यूरेनियम को परमाणु-शक्ति के उत्पादन के लिए उपयोग में लाने के पहले इसके बहुत ही कम उपयोग थे। यूरेनियम के कुछ यौगिकों का फोटोग्राफी में और रंगाई के लिए इस्तेमाल होता था। अगर इसके बाद में कुछ विशिष्ट गुण-धर्मों का पता नहीं चलता तो यह धातु काफी हद तक अज्ञेय ही रहती। इसका विशेष गुण है रेडियो-सक्रियता। यूरेनियम का विघटन होता है, इससे रेडियो-सक्रिय कण सतत बाहर आते रहते हैं। विघटन होते-होते अंत में, एक लंबे अरसे के बाद यूरेनियम सीसे में बदल जाता है।

एक ग्राम यूरेनियम में से आधा ग्राम यूरेनियम नष्ट होने के लिए 5 अरब साल लगते हैं। फिर, इस आधे ग्राम में से और आधा नष्ट होने के लिए और 5 अरब साल लगते हैं। विघटन की यह प्रक्रिया तब तक चलती रहती है जब तक सारा यूरेनियम अंत में सीसे में रूपांतरित नहीं हो जाता।

धरती की चट्टानों में यूरेनियम काफी मात्रा में उपलब्ध है। यह इतनी ही मात्रा में उपलब्ध है जितनी मात्रा में सीसा। वस्तुत: यूरेनियम सोना या चांदी से अधिक ही उपलब्ध है। वैज्ञानिकों का अनुमान है कि भूगर्भ में 10 मील की गहराई तक 100000 अरब टन यूरेनियम उपलब्ध है। लेकिन शुद्ध यूरेनियम को प्राप्त करना बहुत कठिन काम है। यूरेनियम जहरीला पदार्थ है। इसके निर्माण में और भी अनेक कठिनाइयां हैं। कच्ची धातु, जैसे पिचब्लैंडे के 10000 भागों में से अंत में से केवल 7 भाग ही यूरेनियम प्राप्त होता है।

यूरेनियम के बाद दूसरा प्रमुख परमाणुविक ईंधन है थोरियम। इसकी खोज बेजेंलियस ने 1828 में की थी और युद्ध-देवता 'थोर' के नाम पर इसे थोरियम का नाम दिया था। इस धातु का रंग निकेल जैसा है। यह 1700° सें. पर पिघलती है और 5200° सें. पर उबलती है। इसका विशिष्ट-गुरुत्व है 11.5 और भारीपन में यह दूसरे नंबर की धातु है। यह सीसे की तरह नरम होती है।

यूरेनियम की तरह थोरियम भी धरती में पर्याप्त मात्रा में उपलब्ध है। 'मोनाझाइट' नाम का इसका अपना एक खनिज ही है जो बालू के रूप में पाया जाता है। यह मोनाझाइट खनिज सबसे अधिक हमारे देश में ही क्विलोन और केप-कामोरिन के बीच फैले बालू में पाया जाता है। इस प्रकार, संसार में थोरियम का सबसे अधिक भंडार भारत में है।

लेसर किरणें

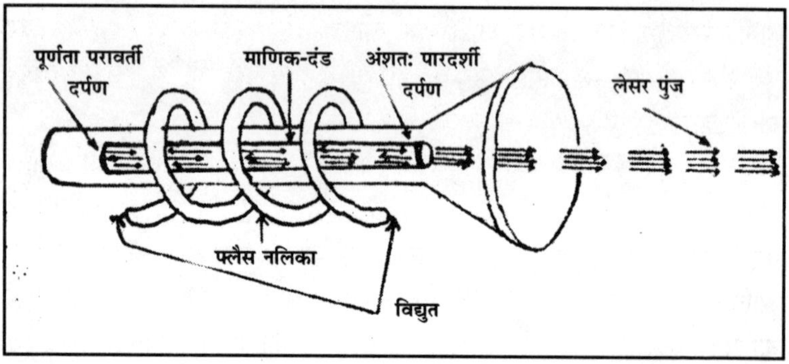

अंधियारी रात में टार्च की रोशनी बड़ी उपयोगी होती है। टार्च की रोशनी से खेलने में बच्चों को भी बड़ा आनंद आता है। अच्छी टार्च हो और उसमें ताजे सैल भरे हों तो रोशनी काफी दूर तक पहुंचती है। हम सोचते हैं कि यह रोशनी यदि कई किलोमीटर दूर तक पहुंचती तो बड़ा अच्छा होता। परंतु ऐसा नहीं होता। टार्च की रोशनी कुछ मीटर की दूरी तक पहुंचकर मंद पड़ जाती है और बिखर जाती है।

लेकिन अब वैज्ञानिकों ने एक ऐसा अनोखा टार्च बनाया है जिसकी रोशनी लाखों-करोड़ों किलोमीटर दूर तक पहुंचती है। यह रोशनी बड़े मजे में चंद्रमा तक पहुंचती है और वहां पर रखे गए शीशे से टकराकर धरती पर लौट भी आती है! है न अद्‌भुत चीज? दरअसल, इस अनोखे टार्च की रोशनी दूर-दूर के ग्रहों तक भी पहुंच सकती है। वैज्ञानिक कहते हैं कि इस रोशनी से हम दूर-दूर के ग्रहों तक संदेश भेज सकते हैं, टेलीविजन चित्र भी भेज सकते हैं!

इस नए टार्च के बारे में एक और मजेदार बात है। वह यह है कि इसकी रोशनी को इच्छानुसार पेंसिल की तरह बारीक तथा नुकीला बनाया जा सकता

है। सभी जानते हैं कि सूरज की किरणों को एक मेग्निफाइंग लेंस से एक स्थान पर जमा किया जाए तो उनके तेज से कागज या भूसे को सुलगाया जा सकता है। परंतु वैज्ञानिकों ने यह जो नया टार्च बनाया है उसकी किरणों से बड़ी सफाई से न केवल कपड़ों या लकड़ियों को बल्कि धातु की मोटी चद्दरों को भी काटा जा सकता है!

इस नए टार्च के बारे में सारी की सारी बातें ही बड़ी मजेदार हैं। आजकल इसका बड़ा इस्तेमाल हो रहा है। वैज्ञानिक कहते हैं कि आगे जाकर इस आविष्कार का तरह-तरह के कामों में इस्तेमाल होगा और इससे दुनिया में बड़ी रद्दोबदल होगी। इसलिए इस अनोखे आविष्कार की चहुंओर बड़ी चर्चा है। हमारे देश की संसद में भी इस आविष्कार के बारे में सवाल पूछे गए थे इस महत्त्वपूर्ण आविष्कार के बारे में अब सभी की दिलचस्पी बढ़ रही है।

यह नया आविष्कार है—लेसर किरणें। लेसर किरणों का निर्माण करनेवाला पहला टार्च सन् 1960 में बनाया गया था। तब लगता था कि विज्ञान के इस नए खिलौने का कहीं कोई बड़ा इस्तेमाल नहीं होगा। परंतु पंद्रह साल में ही यह आविष्कार विज्ञान के कई क्षेत्रों में बड़ा उपयोगी सिद्ध हुआ है। अनेक वैज्ञानिकों का मत है कि आगे के कुछ ही वर्षों में लेसर यंत्र रेडियो और ट्रांजिस्टर की तरह आम जनता तक पहुंच जाएंगे। अत: लेसरों के बारे में थोड़ी-बहुत जानकारी अब सबको होनी चाहिए।

यह लेसर शब्द रैडार शब्द की तरह का है। अंग्रेजी के पांच शब्दों के पहले अक्षरों को जोड़ने से यह शब्द बना है। लेसर किरणें भी प्रकाश किरणें ही हैं, फिर भी गुणों की दृष्टि से दोनों में बड़ा फर्क है। हम कह सकते हैं कि प्रकाश की किरणें ऐसी दौड़ती हैं मानो कोई भगदड़ मची हो। परंतु वही किरणें जब शिक्षित सैनिकों की एक टुकड़ी की तरह कदम से कदम मिलाकर कूच करती हैं, तो उन्हें हम लेसर किरणें कहते हैं। अत: सबसे पहले प्रकाश किरणों के बारे में कुछ बातें जान लेना जरूरी है।

लाखों वर्षों से आदमी के लिए प्रकाश का बड़ा महत्त्व रहा है। इसीलिए पुराने जमाने के लोग सूरज की पूजा करते थे और प्रार्थना करते थे कि अंधकार हटे और चहुंओर रोशनी फैले। परंतु यह प्रकाश क्या है? प्राचीन काल के कुछ लोग सोचते थे कि रोशनी हमारी आंखों से निकलती है और इसीलिए हम चीजों को देख सकते हैं! लेकिन आज वैज्ञानिक हमें बताते हैं कि सूरज

की रोशनी को पकड़ने के लिए ही आदमी और दूसरे प्राणियों की आंखें निकल आई हैं!

महान वैज्ञानिक न्यूटन ने पहली बार प्रयोग से सिद्ध किया था कि सफेद प्रकाश सात रंगों के मेल से बना होता है। न्यूटन ने यह भी कहा कि प्रकाश की किरणें दरअसल छोटे-छोटे कणों से बनी हैं और ये कण एक निश्चित वेग से दौड़ते हैं। आज हम जानते हैं कि प्रकाश की किरणें एक सेकंड में 3,00,000 किलोमीटर के वेग से दौड़ती हैं। सूरज हमसे करीब 15 करोड़ किलोमीटर दूर है। इसलिए सूरज की किरणें करीब आठ मिनटों की यात्रा करने के बाद ही हमारी धरती पर पहुंचती हैं।

आज हम यह भी जानते हैं कि प्रकाश की किरणें अत्यंत सूक्ष्म कणों से बनी हैं। प्रकाश के इन कणों को फोटोन कहते हैं। फोटोनों से बनी हुई ये किरणें अत्यंत छोटी-छोटी तरंगों के रूप में दौड़ती हैं। किसी तालाब में पत्थर फेंकने पर जो लहरें उठती हैं, उन्हें सबने देखा होगा। इसी तरह आवाज की भी लहरें होती हैं। दो लहरों की ऊंचाइयों के बीच में जो अंतर होता है, उसे तरंग की लंबाई यानी विज्ञान की भाषा में तरंगदैर्ध्य कहते हैं। यह बड़े महत्त्व का शब्द है। तरंगदैर्ध्य और एक सेकंड में तरंगों की संख्या मालूम होने पर किरणों के बारे में हमें बड़े महत्त्व की जानकारी मिल जाती है।

आज हम यह भी जानते हैं कि प्रकाश किरणों का यानी फोटोन कणों का जन्म कैसे होता है। फोटोन कणों का जन्म परमाणु के भीतर होता है। परमाणु के बारे में इतनी बात तो सबने सुनी होगी कि इसके भीतर एक गुठली यानी नाभिक होता है और इसके चहुंओर इलेक्ट्रोन नाम के कण चक्कर काटते रहते हैं। इस परमाणु को तपाया जाए यानी इसमें बाहर से ऊर्जा पहुंचाई जाए तो यह थोड़ी देर के लिए तमतमा उठता है। फिर यह परमाणु अपनी अतिरिक्त ऊर्जा को फोटोन कण के रूप में बाहर फेंककर पुन: शांत हो जाता है।

अब बिजली के ट्यूब लाइट पर विचार करो। ट्यूब में निओन या अन्य कोई गैस भरी रहती है। जब ट्यूब में बिजली की धारा पहुंचती है तो न्यूओन गैस के अणु—परमाणु तमतमा उठते हैं। परंतु थोड़ी देर बाद ही वे फोटोन कण को बाहर फेंककर शांत हो जाते हैं। तमतमाने और शांत होने का यह सिलसिला तेजी से जारी रहता है। फोटोन कणों की धाराएं चहुंओर फैलती रहती हैं। यही वह प्रकाश है जिसे हमारी आंखें ग्रहण करती हैं।

सूरज, लैम्प या साधारण टार्च से निकला हुआ प्रकाश बड़ा बेमेल होता है। एक तो यह कई रंगों का मिश्रण होता है। इसका मतलब यह है कि यह कम-ज्यादा तरंगदैर्ध्यों के मेल से बना होता है। दूसरी बात यह है कि इसके फोटोन कण भगदड़ मचाते हुए दौड़ते हैं। इसलिए इनकी शक्ति जल्दी ही क्षीण हो जाती है। यही वजह है कि ऐसे प्रकाश को उपयोगी शक्ति में बदलने में बड़ी दिक्कतें हैं।

अब कल्पना करो कि किसी एक स्थान से लाखों-करोड़ों फोटोन कणों की कतारें कदम से कदम मिलाते हुए एक साथ दौड़ रही हैं। ऐसी किरणों की शक्ति निश्चय ही अधिक होगी। लेसर किरणें ऐसी ही होती हैं। इन किरणों के सूक्ष्म पुंजों को लाखों-करोड़ों किलोमीटर की दूरी तक भेजा जा सकता है। दूर तक पहुंचकर भी ये किरणें अधिक फैलती नहीं हैं। इन्हें एक अत्यंत तेज चाकू की धार से भी अधिक पैना बनाया जा सकता है। इन्हें आसानी से मोड़ा भी जा सकता है।

आओ, हम देखें कि लेसर किरणों को पैदा करनेवाला एक सरल उपकरण कैसा होता है। माणिक नामक कीमती पत्थर से बनाया गया लेसर उपकरण अधिक प्रसिद्ध है। अब माणिक के दंड प्रयोगशालाओं में भी कृत्रिम रूप से तैयार किए जाते हैं। ऐसे एक दंड को लेकर उसके दोनों सिरों पर शीशे बिठाए जाते हैं। फिर इस दंड के चहुंओर बिजली के ट्यूब की नली लपेटी जाती है।

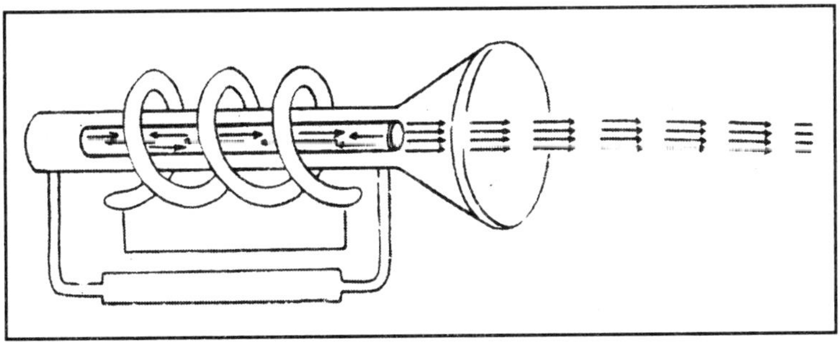

लेसर पुंज

बिजली के ट्यूब में करेंट पहुंचने पर उसके प्रकाश से माणिक के दंड के अरबों-खरबों परमाणु तमतमा उठते हैं। फिर वे फोटोन कणों को बाहर फेंकने का सिलसिला शुरू कर देते हैं। ये फोटोन कण उस दंड में एक सिरे से दूसरे

सिरे तक दौड़ते रहते हैं। साथ ही ये दूसरे परमाणुओं के फोटोनों को भी बाहर निकालते हैं। इस प्रकार माणिक के दंड के भीतर नियमबद्ध कतार से दौड़नेवाले फोटोन कणों की धारा तैयार हो जाती है। फिर दंड के एक सिरे वाले शीशे से इन फोटोन कणों का पुंज बाहर निकलता है। यही है लेसर किरणें।

यहां संक्षेप में और सरल शब्दों में हमने लेसर किरणों की चर्चा की है। माणिक की तरह अब तक ऐसे करीब सौ पदार्थ खोजे गए हैं जिनका लेसर किरणों के निर्माण में इस्तेमाल होता है। पिछले करीब दस साल से हमारे देश में भी लेसर किरणों के बारे में खोजबीन हो रही है। बम्बई के पास के भाभा परमाणु अनुसंधान केंद्र के वैज्ञानिकों ने कई प्रकार के लेसरों का निर्माण किया है और वे अधिक शक्तिशाली लेसरों के निर्माण में भी जुटे हुए हैं।

लेसर किरणें आज्ञाकारी सैनिकों की टुकड़ी की तरह बड़े तालमेल और अदब के साथ दौड़ती हैं इसलिए इनसे कई प्रकार के काम लिए जा सकते हैं। इनका रेडियो तरंगों की तरह इस्तेमाल हो सकता है। इनका रेडियो तथा टेलीविजन प्रसारण में इस्तेमाल हो सकता है। लेसर किरणों की सहायता से हजारों-लाखों टेलीफोन संबंध स्थापित करना संभव है। इस दिशा में सफल प्रयोग भी हो रहे हैं।

लेसर किरणों से पृथ्वी की परिक्रमा करने वाले उपग्रहों के साथ संपर्क स्थापित करना भी संभव हुआ है। आगे जाकर दूर के ग्रहों तक पहुंचे हुए अंतरिक्ष यात्रियों के साथ इन्हीं लेसर किरणों से संबंध स्थापित करना संभव होगा। अनेक वैज्ञानिकों का मत है कि लेसर किरणों से दूसरे ग्रहों के प्राणियों तक संदेश भेजना संभव है।

दूरियों को मापने में लेसर किरणों का बड़ा उपयोग हो रहा है। चूंकि लेसर किरणें बिना फैले सीधी रेखा में दौड़ती हैं, इसलिए दूर-दूर तक सीधी ऊंचाइयों को निर्धारित करने में भी इनका बड़ा उपयोग हो रहा है। इनका कंप्यूटरों में भी उपयोग होगा और तब इन कंप्यूटरों से अधिक गणनाएं करना संभव होगा। लेसर किरण को इच्छानुसार नुकीला बनाया जा सकता है, इसलिए कई प्रकार के कठिन ऑपरेशनों में भी इनका उपयोग किया जा रहा है।

शक्तिशाली लेसर किरणों को एक छोटे स्थान पर केंद्रित करके बड़ी उष्णता पैदा की जा सकती है। इस प्रकार लेसर किरणों से कई प्रकार की धातुओं को जोड़ना-काटना संभव है। वैज्ञानिकों को अब तक लेसर किरणों से 10,00,000

डिग्री सेंटीग्रेड तापमान तैयार करने में सफलता मिली है। इस तापमान को और अधिक बढ़ाने के प्रयत्न जारी हैं। तब इन लेसर किरणों से हाइड्रोजन बमों को फोड़ना भी संभव होगा।

लेसर किरणों के और भी कई उपयोग हैं। भविष्य में इन किरणों के नए-नए उपयोग खोजे जाएंगे। सच बात यह है कि लेसर किरणों के रूप में अब आदमी ने सामान्य प्रकाश की किरणों को अपने बस में कर लिया है। वैज्ञानिकों ने प्रकाश की किरणों को इच्छानुसार दौड़ाने में सफलता प्राप्त की है। इसीलिए हम कहते हैं कि लेसर किरणें विज्ञान तथा टेक्नोलॉजी के क्षेत्र में एक बड़ी क्रांति का संदेश लेकर आई हैं।

लेसर : मृत्यु किरण और मृत्युंजय किरण

'लेसर' नामक ये प्रकाश-पुंजित किरणें सूर्य प्रकाश से अरबों गुना शक्तिशाली होती हैं...इनका तीव्र प्रकाश 24,000 मील दूर चंद्रमा तक पहुंच सकता है... संचार-साधनों, शल्य-क्रिया, रासायनिक प्रयोगों, धातु-कर्म आदि में 'लेसर' का प्रयोग निरंतर बढ़ रहा है।

लेसर के बारे में पढ़ते हुए बहुतों को भगवान शंकर की तीसरी आंख याद आएगी। कैसी थी शंकर की तीसरी आंख धार्मिक पोथियों और 'कल्याण' जैसी पत्रिकाओं में छपने वाले चित्रों में यकीन किया जाए, तो शंकर की तीसरी आंख उनके कपाल में स्थित थी और जब खुलती थी तो उसमें से प्रकाश की प्रलयंकारी किरणें बाहर निकलती थीं। पुराणों में शंकर की इस तीसरी आंख के करिश्मों के कई किस्से पढ़ने को मिलते हैं।

भगवान शंकर की तीसरी आंख से पुंजित प्रकाश की तीव्र किरणें सचमुच ही निकलती थीं या नहीं, इस वाद-विवाद में पड़ने की जरूरत नहीं। पुराने जमाने में जो बातें जनसाधारण के लिए संभव नहीं थीं, उनकी कल्पना करके वे उन्हें अपने देवी-देवताओं में आरोपित तो कर ही सकते थे। महाभारत में वर्णित बहुत-से भगवान, अस्त्र-शस्त्र इसी कोटि के हैं। पिछले सौ सालों में वैज्ञानिक गल्पकारों ने ऐसे अनेक कल्पित कथानक लिखे हैं, जिनमें प्रकाश की मृत्यु-किरणों या मृत्युंजय-किरणों की कल्पना की गई है। किंतु प्रयोगशालाओं में ऐसी किरणों का निर्माण संभव हुआ इसी दशक में, हमारे समय में।

प्रकाश की ये पुंजित किरणें, जिन्हें संक्षेप में 'लेसर' नाम दिया गया है, सूर्य-प्रकाश से अरबों गुना शक्तिशाली होती हैं। पिछले चंद वर्षों में ही लेसरों के विज्ञान और तकनीक में कई इस्तेमाल खोजे गए हैं। संचार-साधनों के रूप में इनका इस्तेमाल हो सकता है, आकाशयानों और चंद्रमा आदि की दूरियां खोजने में

इनका इस्तेमाल हो सकता है, विध्वंसक अस्त्रों के रूप में इनका इस्तेमाल किया जा सकता है, शल्यक्रिया में भी इनका उपयोग होता है। इनके अलावा, धातुओं को काटने-जोड़ने, रासायनिक प्रयोग तथा अन्य अनेक प्रयोगों में इनका इस्तेमाल होने लगा है। यह तो केवल शुरुआत हुई; भविष्य में, वैज्ञानिकों को यकीन है, लेसरों के अनगिनत फायदे खोजे जाएंगे।

परमाणु ऊर्जा की तरह लेसरों का भी दोहरा इस्तेमाल संभव है। लेसर मृत्यु-किरणें भी बन सकती हैं और मृत्युंजय किरणें भी। कैसे खोजा गया इन्हें?

असल में इस खोज का आरंभ हुआ अल्बर्ट आइंस्टाइन की एक महान खोज से। आइंस्टाइन का नाम सामने आते ही उनके महान सापेक्षिता-सिद्धांत का स्मरण आता है। किंतु आइंस्टाइन को 1921 का भौतिकशास्त्र का नोबेल-पुरस्कार मिला था, वह उनके सापेक्षिता-सिद्धांत के लिए नहीं बल्कि उनकी एक अन्य खोज के लिए। उनकी यह खोज 'फोटोइलैक्ट्रिक प्रभाव' के नाम से प्रसिद्ध है। 1917 में आइंस्टाइन ने प्रतिपादित किया कि जब कुछ विशिष्ट धातुओं के अणु और परमाणुओं पर विद्युत-चुंबकीय विकिरण (जिसमें प्रकाश भी शामिल है) का आपतन होता है तो वे परमाणु प्रकाश की मौलिक इकाई 'फोटोन' का उत्सर्जन करते हैं।

प्रकाश-किरणें असल में इन्हीं के फोटोनों का समूह होती हैं। परमाणु को जब अतिरिक्त ऊर्जा प्रदान की जाती है तो परमाणु चंचल हो जाता है और जब यह अपनी पुरानी स्थिति पर लौटता है तो उस अतिरिक्त ऊर्जा को विकिरण की इकाइयों—फोटोनों—के रूप में बाहर फेंकता है। प्रकाश इन्हीं फोटोनों से बना होता है।

लेकिन आइंस्टाइन ने 1917 में ही सिद्ध किया था कि फोटोन (प्रकाश की इकाई) विशेष परिस्थितियों में अपने ही जैसे एक फोटोन को जन्म दे सकता है। ऐसी स्थितियों में परमाणु से बाहर आने वाले फोटोन का तरंगदैर्ध्य वही होगा कि जो कि टकराने वाले फोटोन का होता है परिणामतः ऐसा फोटोन समूह अर्थात् प्रकाश एकरूप होने के कारण अधिक तीव्र होगा, यह उस बटालियन की तरह होगा जो बाकायदा शिक्षित होती है।

आइंस्टाइन अपने समय से बहुत आगे थे। उनके कई सिद्धांतों को प्रायोगिक समर्थन मिला वर्षों बाद। उनके इस फोटोन-सिद्धांत की सत्यता तो कई प्रयोगों से साबित हो गई थी, किंतु इस सिद्धांत के आधार पर एक उपयोगी उपकरण

तैयार करना संभव हो सका 1950 के बाद। कोलंबिया विश्वविद्यालय के चार्लेस टावनेस ने 1953 में 'मेसर' को जन्म दिया। मेसर के लिए पूरा नाम है 'माइक्रोवेव एम्पिलफिकेशन बाय स्टिमुलेटेड एमिशन आव रेडिएशन', अर्थात् 'विकिरण के उत्तेजित उत्सर्जन से सूक्ष्मतरंगीय प्रवर्धन' कितना जटिल और लंबा नाम! अब तो आरंभ के अक्षरों से बना हुआ 'मेसर' नाम ही रूढ़ हो गया। टावनेस को अपने इस आविष्कार के लिए नोबेल पुरस्कार भी मिला।

1958 में टावनेस और आर्थर शावलोव ने इसी सिलसिले में एक नई योजना का विवरण प्रकाशित किया। उन्होंने सोचा कि एक सिलिंडर में बंद गैस के अणुओं को उत्तेजित करके फोटोनों की एक तीव्र एवं शक्तिशाली धारा प्राप्त की जा सकती है। चूंकि यह योजना दृश्य प्रकाश के निर्माण के लिए बनाई गई थी, इसलिए इस आरंभ में 'आप्टिकल मेसर' अर्थात् प्रकाशीय मेसर का नाम दिया गया था।

दो साल के बाद 1960 में इस योजना को साकार रूप देने का श्रेय प्राप्त है भोतिकवेत्ता माइसन को। माइसन ने संसार का पहला लेसर बनाया। उनका यह छोटा-सा उपकरण, जिसे उंगलियों में पकड़ा जा सकता था, लाल रंग के प्रकाश की तीव्र धाराओं को जन्म देने में समर्थ था। यह सारी कमाल थी कृत्रिम रूप से बनाए गए माणिक या लाल के मणिभ (क्रिस्टल) की। लाल का मणिभ एल्यूमिनियम-ऑक्साइड से बनता है और अपने शुद्ध रूप में यह रंग-रहित एवं पारदर्शी होता है। लेकिन मणिभ को बनाते समय यदि इसमें क्रोमियम की अल्प मात्रा (एक प्रतिशत) मिलाई जाए, तो जो माणिक बनता है वह लाल रंग का होता है। इसी लाल रंग के माणिक से माइमन ने पहली बार लेसर का निर्माण किया। लेसर शब्द मेसर का अनुकरण करते हुए बनाया गया है। मेसर के पूरे नाम में 'माइक्रोवेव' के स्थान पर 'लाइट' (प्रकाश) शब्द रखने से संक्षेप में लेसर शब्द बनता है।

माणिक-लेसर इस प्रकार बनाया जाता है : मणिभ-दंड के दोनों सिरे खूब पालिश किए जाते हैं और इन पर चांदी की परत चढ़ाकर इन्हें दर्पण जैसा बनाया जाता है। इनमें से एक दर्पण खूब परावर्तक बनाया जाता है, तो दूसरा अंशतः पारदर्शक होता है। फिर इस दंड के चहुंओर कुंडलीनुमा फ्लैश-ट्यूब लपेटा जाता है। इस ट्यूब में जब विद्युत दौड़ाई जाती है, तो यह कैमरे के बल्ब की तरह अल्प समय में तीव्र प्रकाश बाहर फेंकता है। इस तीव्र प्रकाश से माणिक-दंड के

भीतर के क्रोमियम परमाणु उत्तेजित हो जाते हैं, उनके इलेक्ट्रोन क्षण भर के लिए अतिरिक्त ऊर्जा प्राप्त करते हैं। जब ये इलेक्ट्रोन पुन: अपने पहले के ऊर्जा के स्तर पर वापिस लौटते हैं, तो प्रत्येक इलेक्ट्रोन एक फोटोन का उत्सर्जन करता है। इनमें से कई फोटोदंड की पारदर्शी दीवारों से बाहर निकल जाते हैं। परंतु अनेक फोटोन दोनों सिरों के दर्पणों से टकराकर विपरीत दिशाओं वाले दर्पणों की ओर दौड़ते हैं। इनके इस प्रकार आगे-पीछे दौड़ने से ये अपने मार्ग में पड़ने वाले कई क्रोमियम परमाणुओं को उत्तेजित करते हैं और नये फोटोनों को उत्सर्जित करते हैं। जब उत्तेजित हुए क्रोमियम परमाणुओं की संख्या बहुत अधिक हो जाती है तो दंड के उस सिरे वाले दर्पण से, जो अंशत: पारदर्शी रहता है, फोटोनों की एक तीव्र धारा बाहर निकलती है। माणिक के मणिभ से बाहर आने वाला यह प्रकाश-पुंज अत्यधिक तीव्र और लाल रंग का होता है।

माइसन का पहला लेसर माणिक के मणिभ से बनाया गया था और यह लाल रंग का प्रकाश बाहर फेंकता था। पिछले कुछ ही सालों में लगभग 100 के आसपास ऐसे गैस, कांच, प्लास्टिक तथा तरल खोजे गए हैं जो लेसर प्रकाश को जन्म दे सकते हैं। लेसर अब पुंजों के रूप में पैदा किया जा सकता है और सतत धारा के रूप में भी। अब लेसर प्रकाश को, केवल लाल ही नहीं, तरंगदैर्ध्य के आधार पर कोई भी रंग दिया जा सकता है।

लेसर प्रकाश इतना तीव्र होता है कि इसकी किरणें चंद्रमा (दूरी 2,40,000 मील) तक पहुंच सकती है। लेकिन ऐसे समय आकाश का साफ होना जरूरी है, क्योंकि बादल या कुहरा लेसर किरणों को रोक सकते हैं। रडारों की तरह लेसर किरणों का दूरियां मापने के लिए अच्छा इस्तेमाल किया जा सकता है।

लेसरों का संचार साधन के रूप में भी उपयोग है। इनकी सहायता से रेडियो तरंगों की अपेक्षा कहीं अधिक संदेश भेजे जा सकते हैं। टेलीविजन के संचार में इसका अमूल्य उपयोग है, यह एक बार दस टेलीविजन चैनलों का वहन कर सकता है।

शल्यक्रिया में भी लेसरों का उपयोग हो सकता है। लेसर की तीव्र एवं पुंजीभूत धारा टिश्यूओं को बड़ी कुशलता से काटती हैं। मजे की बात तो यह है कि लेसर से काटते समय खून भी बाहर नहीं निकलता, मानो किसी जादूगर ने काटा हो। धातुओं को काटने और जोड़ने में भी लेसरों का इस्तेमाल होता है। लेसरों से जो छिद्र बनते हैं वे हीरे से काटकर बनाए हुए छिद्रों से अधिक सूक्ष्म होते हैं।

इधर लेसरों की सहायता से तीन आयामों वाले चित्र (होलोग्राम) भी बनाने में एक सफलता मिल रही है। असल में लेसरों की उपयोगिता का यह आरंभ ही है। निकट भविष्य में लेसरों के ऐसे अनगिनत लाभ खोजे जाएंगे, जो मानव जीवन के लिए कल्याणकारी सिद्ध हो सकते हैं। अब भारत में भी लेसरों पर प्रयोग हो रहे हैं। ट्राम्बे के एटॉमिक एनर्जी एस्टैब्लिशमेंट में कई भारतीय वैज्ञानिक लेसरों पर गवेषणा-कार्य कर रहे हैं।

विपरीत, लेसरों का युद्धोपयोगी साधनों के रूप में भी उपयोग हो सकता है। युद्ध-लोलुप व्यक्तियों के हाथों में यह मृत्युंजय किरणें मृत्यु-किरणें भी बन सकती हैं।

ब्रह्मांड किरणें

अंतरिक्ष-अनुसंधान के समाचारों में ब्रह्मांड-किरणों का नाम बहुतों ने सुना होगा। भारतीय वैज्ञानिकों ने इन ब्रह्मांड-किरणों के अध्ययन में विशेष योग दिया है। डॉ. होमी जहांगीर भाभा और डॉ. विक्रम साराभाई की गवेषणाएं इन्हीं किरणों से संबंधित थीं। आज भी अनेक भारतीय वैज्ञानिक ब्रह्मांड-किरणों की खोजबीन में जुटे हुए हैं।

पिछले करीब साठ साल से इन किरणों का अध्ययन हो रहा है। इनके अध्ययन के लिए वैज्ञानिक दूर-दूर की यात्राएं करते हैं, पर्वतों पर चढ़ते हैं, आकाश में कई किलोमीटर ऊपर तक गुब्बारे भेजते हैं, खानों के सुरंगों और सागरों की गहराइयों में उतरते हैं। अब राकेटों और अंतरिक्षयानों में स्थापित यंत्रों से भी ब्रह्मांड-किरणों का अध्ययन होने लगा है।

इन ब्रह्मांड-किरणों के बारे में बहुत-सी बातें मालूम हो गई हैं। ये चहुंओर से पृथ्वी के वायुमंडल में पहुंचती हैं। ये इतनी शक्तिशाली होती हैं कि वायुमंडल के परमाणुओं से टकराकर विखंडित और मंद हो जाने पर भी धरातल के काफी नीचे पहुंच जाती हैं। लेकिन बहुत प्रयत्न करने पर भी वैज्ञानिक अभी तक निश्चित रूप से यह नहीं जान पाए हैं कि इनका उद्गम कहां होता है, इनके स्रोत कहां हैं! आधुनिक भौतिक विज्ञान की यह एक बहुत बड़ी उलझन है।

इन किरणों की खोज भी बड़े चमत्कारिक ढंग से हुई। सबसे पहले इलेक्ट्रोस्कोप नामक उपकरण ने इन किरणों के अस्तित्व के बारे में जानकारी दी। यह यंत्र विद्युत आवेशों की उपस्थिति के बारे में जानकारी देता है। वर्तमान सदी के आरंभिक वर्षों में वैज्ञानिकों ने जाना कि इस इलेक्ट्रोस्कोप के स्वर्णपत्र बिना किसी प्रत्यक्ष बाह्य-प्रभाव के अपने-आप धीरे-धीरे सिमट जाते हैं। इसका अर्थ यह हुआ कि ऐसी कोई आवेशी चीज है जो इस उपकरण में पहुंचती है, पर इसे हम देख नहीं सकते।

आस्ट्रिया के वैज्ञानिक विक्टोर हंस 1909 में इस अदृश्य चीज की खोज में जुट गए। उन्होंने सोचा कि एक्स-किरणों की तरह कोई अदृश्य किरणें हैं जो इलेक्ट्रोस्कोप में प्रकट होती है। उन्होंने यह भी सोचा कि पृथ्वी के किसी पदार्थ से ये किरणें निकलती होंगी और इसलिए ऊपरी वायुमंडल में ये नहीं होनी चाहिए।

विक्टोर हेस ने एक गुब्बारे में इन अदृश्य किरणों की तीव्रता को मापनेवाला उपकरण स्थापित किया और इसे ऊपरी वायुमंडल में भेजा। हेस को यह जानकर आश्चर्य हुआ कि 5000 मीटर की ऊंचाई पर इन किरणों की तीव्रता कम होने की बजाय समुद्र-सतह से 30 गुना अधिक हैं।

यह एक नई खोज थी। वैज्ञानिक जगत में खलबली मच गई। ये किरणें बाह्य अंतरिक्ष या ब्रह्मांड से आ रही थीं, इसलिए हांस ने इन्हें ब्रह्मांड-किरणें (कास्मिक रेज) का नाम दिया। दरअसल, इन्हें किरणें कहना उचित नहीं है। ये तथाकथित किरणें उन छोटे-छोटे कणों से बनी हैं जिनसे परमाणु बनता है। लेकिन विक्टोर हेस के समय में अभी इन परमाणु-कणों की खोज नहीं हुई थी, इसलिए एक्स-किरणों का अनुकरण करते हुए उन्होंने इन्हें ब्रह्मांड-किरणों का नाम दे दिया। अब यही नाम रूढ़ हो गया है!

ब्रह्मांड-किरणों की खोज होने के बाद करीब बीस साल तक वैज्ञानिकों ने इनके अध्ययन की ओर विशेष ध्यान नहीं दिया। संसार के चोटी के भौतिकवेत्ता उस समय परमाणु का मॉडल तैयार करने और क्वांटम-सिद्धांत का विकास करने में जुटे हुए थे। लेकिन अधिक दिनों तक इन ब्रह्मांड-किरणों की उपेक्षा नहीं की जा सकती थी। क्योंकि इन शक्तिशाली किरणों के बिना परमाणु के भीतर नए-नए कण खोजना संभव नहीं था।

परमाणु के अनुसंधान में ब्रह्मांड-किरणों की उपयोगिता का स्पष्ट सबूत 1932 में मिला। चार साल पहले आंग्ल वैज्ञानिक पॉल डिराक ने, गणितीय सूत्रों के आधार पर, परमाणु के भीतर एक नए कण के अस्तित्व की कल्पना की थी। अब इस कण को खोजना था। उस समय अमरीकी वैज्ञानिक कार्ल एंडरसन ऊपरी वायुमंडल में गुब्बारे भेजकर ब्रह्मांड-किरणों का अध्ययन कर रहे थे। तब तक इन किरणों की बौछार के चित्र उतारना संभव हो गया था। एंडरसन ने देखा कि कुछ चित्रों में एक विशेष प्रकार के परमाणु-कण के पथ हैं। यह वही कण था जिसकी चार साल पहले डिराक ने कल्पना की थी। अब इस कण को हम पोजिट्रोन के नाम से जानते हैं।

पोजिट्रोन की खोज हो जाने के बाद ही भौतिकवेत्ताओं ने ब्रह्मांड-किरणों के अनुसंधान की ओर विशेष ध्यान दिया। पिछले चालीस साल में इन ब्रह्मांड-किरणों के बारे में बहुत-सी बातें जानने को मिली हैं। इन चालीस सालों में ही परमाणु के भीतर सौ से अधिक प्राथमिक कण खोजे जा चुके हैं। इनमें से कई कण ऊपरी वायुमंडल में ब्रह्मांड-किरणों की मदद से खोजे गए हैं। वैसे, इन कणों की खोज के लिए धरती की प्रयोगशालाओं में सिंक्रोट्रोन व साइक्लोट्रोन जैसे शक्तिशाली यंत्र स्थापित किए गए हैं। लेकिन ब्रह्मांड-किरणों की शक्ति के सामने इन यंत्रों की शक्ति नगण्य है। इसलिए परमाणु के भीतर नए कणों की खोज करने के लिए भौतिकवेत्ताओं को अब भी ब्रह्मांड-किरणों की शरण में जाना पड़ता है।

इन ब्रह्मांड-किरणों के बारे में अब हम बहुत-सी बातें जानते हैं। धरातल पर पहुंचने वाली ब्रह्मांड-किरणें उन ब्रह्मांड-किरणों से काफी भिन्न होती हैं जो ऊपरी वायुमंडल में पहुंचती हैं। इसलिए ऊपरी वायुमंडल में पहुंचने वाली ब्रह्मांड-किरणों को प्राथमिक ब्रह्मांड-किरणों का नाम दिया गया है।

ये प्राथमिक ब्रह्मांड किरणें मुख्यत: प्रोटोन कणों से बनी होती हैं। हाइड्रोजन के परमाणु के नाभिक में एक प्रोटोन होता है और एक इलेक्ट्रोन इसकी परिक्रमा करता है। अत: प्रोटोन हाइड्रोजन परमाणु का नाभिक है। प्राथमिक ब्रह्मांड-किरणों का लगभग 90 प्रतिशत हिस्सा इन्हीं प्रोटोनों अर्थात हाइड्रोजन के नाभिकों से बना होता है। इनमें लगभग 10 प्रतिशत हीलियम परमाणु के नाभिक होते हैं। हीलियम के नाभिकों को अल्फा कण भी कहते हैं। शेष भारी तत्त्वों के नाभिकों का हिस्सा एक प्रतिशत होता है।

अत: स्पष्ट है कि ये ब्रह्मांडीय किरणें मुख्यत: प्रोटोन व अल्फा कणों के रूप में पृथ्वी के वायुमंडल में पहुंचती हैं। हम जानते हैं कि संसार की महत्तम गति है प्रकाश का वेग—एक सेकंड में लगभग 3,00,000 किलोमीटर! ब्रह्मांड-किरणों के ये कण भी लगभग इतने ही वेग से हमारे ऊपरी वायुमंडल में पहुंचते हैं—चहुंओर से और चौबीस घंटे!

तीव्र वेग के कारण इनमें भयानक ऊर्जा होती है। प्रोटोन कणों को तीव्र वेग प्रदान करने के लिए धरती प्रयोगशालाओं में करोड़ों रुपए खर्च करके साइक्लोट्रोन व सिंक्रोट्रोन जैसे यंत्र बनाए गए हैं। संसार का सबसे बड़ा प्रोटोन-सिंक्रोट्रोन तीन साल पहले सोवियत रूस में मास्को के पास सेर्पुखोव

स्थान पर स्थापित किया गया है यह त्वरण यंत्र प्रोटोन कण को 70 अरब इलेक्ट्रोन वोल्ट की ऊर्जा प्रदान कर सकता है। पर प्राथमिक ब्रह्मांड-किरणों के प्रोटोनों की ऊर्जा 10,000,00,00,000 अरब इलेक्ट्रोन वोल्ट तक होती है! एक प्रोटोन की इतनी यह ऊर्जा एक छोटे बल्ब में क्षणांश के लिए चमक पैदा कर सकती है।

इतनी भीषण ऊर्जा वाले ये प्रोटोन व अल्फा कण जब ऊपरी वायुमंडल की गैसों के परमाणुओं से टकराते हैं तो वे बड़ी आसानी से उनके नाभिकों को विखंडित करते हैं। परिणामत: नए-नए कण जन्म लेते हैं। इनमें बहुत सारे इलेक्ट्रोन, पोजिट्रोन और मेसोन कण होते हैं। प्राथमिक ब्रह्मांड-किरणों के कण इन नए कणों को अपनी ऊर्जा व गति प्रदान करते हैं। वायुमंडल में पैदा हुए इन कणों की हमारे धरातल पर सतत वर्षा होती रहती है। चूंकि प्राथमिक ब्रह्मांड-किरणों के टकरावों से इन नए कणों का जन्म होता है, इसलिए इन्हें 'द्वितीयक ब्रह्मांड-किरणों' का नाम दिया गया है। ये द्वितीयक कण भी इतने शक्तिशाली होते हैं कि बड़ी आसानी से ये धरातल के काफी नीचे तक चले जाते हैं!

ब्रह्मांड किरणें आवेशी कण होते हैं, इसलिए पृथ्वी का चुंबकीय क्षेत्र इन्हें विचलित करता है। विषुववृत्तीय प्रदेश की अपेक्षा ध्रुवीय प्रदेशों में इतनी तीव्रता अधिक होती है। इन्हीं ब्रह्मांडीय किरणों के कारण ध्रुवीय प्रकाश का अद्भुत दृश्य प्रकट होता है।

ब्रह्मांड किरणें पुरातत्त्ववेत्ताओं के लिए भी वरदान सिद्ध हुई हैं। इन किरणों से ऊपरी वायुमंडली में एक विशेष प्रकार का रेडियमधर्मी कार्बन जन्म लेता है, जिसे हम कार्बन-14 के नाम से जानते हैं। कार्बन-डाइऑक्साइड के सापेक्ष एक निश्चित अनुपात में यह कार्बन-14 पैदा होता है। वर्षा के साथ धरातल पर पहुंचकर वनस्पति में इसका अवशोषण होता है। वनस्पति के साथ यह कार्बन-14 प्राणियों के शरीर में पहुंचता है। रेडियमधर्मी होने से इसका धीरे-धीरे क्षय होता रहता है। इसकी एक निश्चित मात्रा 5568 वर्षों के बाद आधी रह जाती है। अत: पुरावशेषों में मौजूद कार्बन-14 की मात्रा का मापन करके यह जाना जा सकता है कि वह पुरावशेष कितना प्राचीन है। इस विधि से बहुत-से पुरावशेषों का काल निश्चित हुआ है।

पर इन ब्रह्मांड-किरणों से सबसे अधिक सहायता मिली है उन भौतिकवेत्ताओं को जो परमाणु के भीतर के प्राथमिक कणों के अध्ययन में जुटे

हुए हैं। नए-नए प्राथमिक कणों को खोजने के लिए अधिकाधिक ऊर्जा की जरूरत पड़ती है और ऐसी ऊर्जा ब्रह्मांड-किरणों में मौजूद है। एक वैज्ञानिक ने सच ही कहा है कि ब्रह्मांड-किरणों की भीषण ऊर्जा को देखकर भौतिकवेत्ताओं के मुंह से लार टपकती है! गनीमत है कि अब तक इन शक्तिशाली किरणों का परमाणु कणों की खोज के लिए ही इस्तेमाल हो रहा है, इन्हें विनाश का साधन नहीं बनाया गया है!

ब्रह्मांड-किरणों के बारे में पिछले पांच-छह दशकों में बहुत-सी बातें जानी गई हैं, पर इनके स्रोत के बारे में निश्चित रूप से कुछ कहना संभव नहीं है। ये सभी ओर से पृथ्वी के वायुमंडल में पहुंचती हैं, इसलिए इतना निश्चित है कि इनका उद्‍गम हमारे सूर्य तारे में नहीं हो सकता। हमारी आकाशगंगा मंदाकिनी के सामान्य तारों में भी इनके स्रोत नहीं हो सकते। पृथ्वी पर पहुंचने वाली सारी ब्रह्मांड-किरणों में इतनी ऊर्जा होती है कि सारे तारों के प्रकाश में भी उतनी ऊर्जा नहीं होती। प्रमुख बात है इनका प्रकाश तुल्य वेग। भौतिकवेत्ताओं की गणना के अनुसार, 10 से 20 करोड़ साल तक दौड़ते रहने के बाद ही इन किरणों के कणों को इतनी तीव्र गति मिल सकती है।

हमारी आकाशगंगा में लगभग 150 अरब तारे हैं। इनमें से कोई भी तारा इन शक्तिशाली ब्रह्मांड-किरणों को जन्म देने में समर्थ नहीं है। लेकिन इसका अर्थ यह नहीं है कि हमारी आकाशगंगा में इन किरणों का जन्म हो ही नहीं सकता। आकाशगंगा में ऐसे तारे भी हैं जिनमें विस्फोट होता है। ऐसे विस्फोटित तारे को नोवा या सुपरनोवा कहते हैं। लगभग 40 साल बाद आकाशगंगा के एक तारे में विस्फोट होता है। इनमें से कई विस्फोट हमें दिखाई नहीं देते। किंतु कुछ को देखा जा सकता है और अतीत में भी देखा गया है। 1054 ई. में ऐसा ही एक सुपरनोवा प्रकट हुआ था। इसके अवशेष आज भी देखे जा सकते हैं। आज हम इसे 'क्रेब नेबुला' के नाम से जानते हैं। ऐसे सुपरनोवा के विस्फोट में सूर्य के वार्षिक विकिरण से 100 अरब गुना अधिक विकिरण-ऊर्जा का उत्सर्जन होता है।

सोवियत रूस के भौतिकवेत्ता गिन्जबर्ग और स्क्लोवस्की का मत है कि सुपरनोवा के विस्फोट से ही ब्रह्मांड में किरणें जन्म लेती हैं। हमारी आकाशगंगा के अलावा दूसरी बहुत-सी मंदाकिनियों में भी सुपरनोवा के विस्फोट होते रहते हैं। पर इस परिकल्पना को अभी पूरा समर्थन नहीं मिला है। जो भी हो, इतना निश्चित है कि ये ब्रह्मांड किरणें सुदूर अंतरिक्ष से हमारी पृथ्वी पर पहुंचती हैं।

और एक बात। अकसर हम कहते हैं कि हमारा यह विश्व ग्रहों, तारों, मंदाकिनियों और अंतर्नक्षत्रीय गैसों से बना है। लेकिन अब इस सूची में ब्रह्मांडीय किरणों को जोड़ना जरूरी हो गया है, क्योंकि ब्रह्मांडीय द्रव्य में इन किरणों के द्रव्य का हिस्सा बहुत अधिक है। ऊर्जा के मामले में इनका विशेष महत्त्व है, यह हमने देखा ही है। लेकिन इनका स्रोत अब भी एक रहस्य बना हुआ है।

द्रव्य बनाम प्रतिद्रव्य

आधा विश्व प्रतिद्रव्य से बना है!

हम अकसर कहते हैं कि यह सारा विश्व द्रव्य से बना है। वैज्ञानिक भी हमें यही जानकारी देते हैं कि सारा विश्व द्रव्यमय है। द्रव्य के बिना किसी रिक्त आकाश की हम कल्पना नहीं कर सकते। जहां द्रव्य है वहां आकाश है और जहां आकाश है वहां द्रव्य अवश्य मौजूद है।

पर अब द्रव्य में भेद करना जरूरी हो गया है। करीब सत्तर साल पहले प्रतिद्रव्य की खोज हुई। प्रतिद्रव्य को सरल भाषा में हम उलटा द्रव्य भी कह सकते हैं। सर्वप्रथम गणित के सूत्रों से इस प्रतिद्रव्य की हमें जानकारी मिली। फिर प्रयोगशालाओं में इस प्रतिद्रव्य के परमाणु-कण खोजे गए। और अब धरती की प्रयोगशालाओं में ही प्रतिद्रव्य के परमाणु तैयार किए जा रहे हैं।

कुछ वैज्ञानिकों का मत है कि द्रव्य और प्रतिद्रव्य के मेल से ही हमारा यह विश्व अस्तित्व में आया है। कई वैज्ञानिकों की मान्यता है कि हमारे इस विश्व के आधे तारे और आधी मंदाकिनियां प्रतिद्रव्य से बनी हैं। एक नया सिद्धांत यह भी है कि धूमकेतु प्रतिद्रव्य से बने हैं। इस प्रकार, प्रतिद्रव्य के बारे में प्रतिदिन नई जानकारी मिलती जा रही है। यह सारी खोज पिछले सत्तर साल में हुई है।

प्रतिद्रव्य क्या है? प्रतिद्रव्य किस प्रकार का होता है?

प्रतिद्रव्य को समझने के लिए पहले हमें सामान्य द्रव्य के बारे में कुछ प्रमुख बातें जाननी होंगी। वैज्ञानिकों ने विश्व के समस्त द्रव्य को लगभग सौ मूल तत्त्वों में बांटा है। इन्हीं तत्त्वों के मेल-जोल से संसार की सारी वस्तुएं बनी हैं। जैसे,

हाइड्रोजन तत्त्व के दो परमाणु और ऑक्सीजन तत्त्व के एक परमाणु के मेल से पानी का एक अणु बनता है।

प्रत्येक तत्त्व का खास प्रकार का परमाणु होता है। परमाणु के केंद्र में इसका नाभिक होता है, जो मुख्यत: दो कणों से बना होता है। ये दो कण हैं—प्रोटोन और न्यूट्रोन। परमाणु के इस नाभिक के इर्द-गिर्द इलेक्ट्रोन चक्कर काटते रहते हैं। इलेक्ट्रोन ऋणावेशी कण हैं, प्रोटोन धनावेशी कण हैं और न्यूट्रोन आवेश-रहित होते हैं।

सामान्य हाइड्रोजन तत्त्व के परमाणु के नाभिक में सिर्फ एक प्रोटोन होता है। हाइड्रोजन के और दो प्रकार हैं—ड्यूटेरियम और ट्रिटियम। ड्यूटेरियम के नाभिक में एक प्रोटोन व एक न्यूट्रोन होता है। ट्रिटियम के नाभिक में एक प्रोटोन व दो न्यूट्रोन होते हैं। लेकिन इन तीनों प्रकार के हाइड्रोजन में एक-एक इलेक्ट्रोन ही होता है।

यूरेनियम तत्त्व का परमाणु काफी भारी होता है। 92 इलेक्ट्रोन यूरेनियम के नाभिक के चक्कर काटते हैं। इसके नाभिक में इतने ही प्रोटोन होते हैं और लगभग 142 न्यूट्रोन।

उपर्युक्त विवेचन से स्पष्ट होता है कि परमाणु ठोस चीज नहीं है। इसके भीतर छोटे-छोटे कण हैं, जिनमें प्रमुख हैं इलेक्ट्रोन, प्रोटोन और न्यूट्रोन। लेकिन परमाणु के भीतर और भी बहुत-से कण हैं। परमाणु के भीतर के इन कणों को 'प्राथमिक कण' कहते हैं। पिछले सत्तर साल में भौतिकवेत्ताओं ने परमाणु के भीतर सौ से भी अधिक कणों की खोज की है।

संक्षेप में यही है हमारा द्रव्यमय जगत।

लेकिन इस द्रव्यमय जगत के विपरीत एक प्रतिद्रव्यमय जगत का भी अस्तित्व है। इसकी खोज पहली बार 1928 में हुई, बड़े ही चमत्कारिक ढंग से। आपने शायद पढ़ा होगा कि सौरमंडल के नेपच्यून ग्रह की खोज सर्वप्रथम कागज के पन्नों पर हुई थी, गणित के सूत्रों में। इसके दस साल बाद नेपच्यून ग्रह को आकाश में खोजा गया था।

प्रतिद्रव्य की खोज भी सर्वप्रथम कागज के पन्नों पर ही हुई, गणित के समीकरणों के रूप में। खोजकर्ता थे नोबेल पुरस्कार-विजेता आंग्ल वैज्ञानिक पॉल डिराक। वे परमाणु के भीतर के प्राथमिक कणों के सूक्ष्म-जगत के लिए गणितीय समीकरणों का अध्ययन कर रहे थे। वे इस सूक्ष्म-जगत की गतिविधियों के लिए

आइंस्टाइन के सापेक्षवाद और क्वांटम सिद्धांत के मेल-जोल से नए समीकरणों का निर्माण कर रहे थे।

समीकरण तैयार हो गए। इनसे परमाणु के भीतर के ऋणावेशी इलेक्ट्रोन कण की गतिविधि स्पष्ट होती थी। साथ ही, ये समीकरण स्पष्ट बता रहे थे कि परमाणु के भीतर इलेक्ट्रोन से विपरीत गुणधर्म वाला अन्य कण अवश्य होना चाहिए। यह कण द्रव्यमान में इलेक्ट्रोन के बराबर होगा, लेकिन आवेश में उलटा होगा। यह कण धनावेशी होगा। डिराक के समीकरण यह भी जानकारी दे रहे थे कि प्रत्येक कण के लिए परमाणु के भीतर विपरीत आवेश वाला प्रतिकण मौजूद होना चाहिए। जैसे, इलेक्ट्रोन और प्रति-इलेक्ट्रोन।

पॉल डिराक ने जब अपना सिद्धांत प्रकाशित किया तो वैज्ञानिक जगत में खलबली मच गई। बहुत से वैज्ञानिक डिराक के इस प्रति-इलेक्ट्रोन को स्वीकार करने को तैयार नहीं थे। सिर्फ समीकरणों द्वारा कल्पित इस उलटे द्रव्यकण को कौन भला स्वीकार करेगा?

और तब चार साल बाद, 1932 में, लोकप्रिय विज्ञान के एक अंग्रेजी मासिक पत्र 'साइंस' में एक निबंध प्रकाशित हुआ। इस निबंध के लेखक थे अमरीकी वैज्ञानिक कार्ल एंडरसन। एंडरसन ऊपरी वायुमंडल में पहुंचने वाली ब्रह्मांडीय किरणों का अध्ययन कर रहे थे। बाह्य-अंतरिक्ष से आनेवाली ये शक्तिशाली किरणें जब वायुमंडल के परमाणुओं से टकराती हैं तो तरह-तरह के परमाणु-कणों को जन्म देती हैं। परमाणु-कणों के इस छितराव की हमारी धरती पर सतत वर्षा होती रहती है।

कार्ल एंडरसन इसी छितराव के चित्र उतारकर उनका अध्ययन कर रहे थे। कुल 1300 चित्रों में से 15 चित्र कुछ भिन्न प्रकार के थे। इनमें इलेक्ट्रोन के पथ स्पष्ट दिखाई दे रहे थे। साथ ही, इनमें ऐसे भी पथ थे जो इलेक्ट्रोन के पथ के ठीक उलटी दिशा में मुड़े हुए थे। यह एक नई खोज थी। इस खोज का सार यह है कि ब्रह्मांडीय किरणों के प्रघातों से ऐसे कण भी जन्म लेते हैं जो आवेश में इलेक्ट्रोन के ठीक उलटे हैं, अर्थात ये घनावेशी इलेक्ट्रोन हैं। एंडरसन ने इन घनावेशी इलेक्ट्रोनों को 'पोजिट्रोन' का नाम दिया। यही थे वे प्रति-इलेक्ट्रोन जिनकी चार साल पहले पॉल डिराक ने गणितीय सूत्रों के आधार पर कल्पना की थी!

इस प्रकार, ठीक सत्तर साल पहले पहली बार परमाणु के भीतर एक प्रतिकण पोजिट्रोन की खोज हुई। तब तक परमाणु के भीतर सिर्फ दो कण खोजे

गए थे—इलेक्ट्रोन और प्रोटोन। 1932 में ही एक और कण न्यूट्रोन की खोज हुई। लेकिन पिछले सत्तर साल में परमाणु के भीतर इतने अधिक कण खोजे गए हैं कि अब इनकी संख्या सौ से ऊपर पहुंच गई है। खास बात यह है। परमाणु के भीतर प्रत्येक कण के लिए एक प्रतिकण मौजूद है। इसलिए बहुत सारे प्रतिकण खोजे गए हैं और खोजे जा रहे हैं। अभी पिछले साल ही ओमेगा नामक कण का प्रतिकण खोजा गया है। इसकी खोज के लिए 3 लाख चित्र उतारे गए थे!

अत: यह स्पष्ट हो गया है कि परमाणु के भीतर जितने कण हैं उतने ही आवेश की दृष्टि से उलटे प्रतिकण हैं। इनमें दो-तीन कण स्वयं ही अपने प्रतिकण हैं। जैसे, प्रकाश ऊर्जा का कण फोटोन। इन कणों और प्रतिकणों के बारे में खास बात यह है कि जब ये एक-दूसरे के समीप आते हैं तो इनके द्रव्य का विध्वंस होकर इससे उतनी ही मात्रा की ऊर्जा पैदा होती है। जैसे, इलेक्ट्रोन व पोजिट्रोन के संसर्ग से ऊर्जा के दो फोटोन पैदा होते हैं। इसी प्रकार, दो फोटोनों की ऊर्जा से इलेक्ट्रोन-पोजिट्रोन का एक जोड़ा पैदा होता है। इस सदी के आरंभ में महान आइंस्टाइन ने हमें एक सूत्र द्वारा जानकारी दी थी कि द्रव्य को ऊर्जा में और ऊर्जा को द्रव्य में बदला जा सकता है।

ये प्रतिकण अधिक समय तक जीवित नहीं रह सकते। जन्म लेते ही ये एक सेकंड के अरबवें-खरबवें हिस्से के क्षणांश में दूसरे कणों के संपर्क में आते हैं और विध्वंस होकर ऊर्जा में रूपांतरित हो जाते हैं। अत: हमारे इस द्रव्यमय संसार में प्रतिकणों से बने हुए परमाणुओं का अस्तित्व नहीं है। पर इस संभावना से इनकार नहीं किया जा सकता कि सिर्फ इन प्रतिकणों से निर्मित परमाणुओं वाले प्रतिद्रव्य का भी इस विश्व में अस्तित्व हो सकता है।

प्रतिद्रव्य के परमाणु कैसे होंगे, यह जानने के लिए सबसे सरल तत्त्व हाइड्रोजन के परमाणु पर पुन: विचार कीजिए। इसके नाभिक में एक घनावेशी प्रोटोन होता है और एक ऋणावेशी इलेक्ट्रोन चक्कर काटता है। इलेक्ट्रोन का प्रतिकण पोजिट्रोन है और प्रोटोन के उलटे प्रति-प्रोटोन की भी खोज हो चुकी है। कण और प्रतिकण का द्रव्यमान बराबर ही होता है।

अब कल्पना कीजिए एक ऐसे परमाणु की जिसके नाभिक में एक प्रति-प्रोटोन है और एक पोजिट्रोन इसकी परिक्रमा करता है। यह कैसा परमाणु होगा। यह प्रति-हाइड्रोजन का परमाणु होगा। हाइड्रोजन और प्रति-हाइड्रोजन के परमाणुओं में प्रमुख भेद यह है कि इनके कणों के आवेश परस्पर-विरोधी होते हैं।

प्रति-हाइड्रोजन के परमाणुओं से बने द्रव्य को हम प्रतिद्रव्य का नाम देते हैं। प्रतिद्रव्य अब एक वास्तविकता है। धरती की प्रयोगशालाओं में विशेष उपकरणों से प्रति-हाइड्रोजन व प्रति-हीलियम के परमाणु बनाने में कुछ सफलता भी मिली है। प्रतिद्रव्य के निर्माण के लिए अत्यधिक ऊर्जा की जरूरत पड़ती है।

भूतपूर्व सोवियत रूस के वैज्ञानिक प्रतिद्रव्य के बारे में विशेष खोजबीन कर रहे हैं। हाल ही में वे प्रतिद्रव्य पैदा करने में सफल हुए हैं। द्रव्य और प्रतिद्रव्य के संसर्ग से भयानक ऊर्जा पैदा होती है। द्रव्य और प्रतिद्रव्य के विस्फोट से पैदा हुई ऊर्जा हाइड्रोजन बम के विस्फोट से हजार गुना अधिक होगी।

अत: धरती पर प्रायोगिक रूप से प्रतिद्रव्य के निर्माण में हमें सफलता मिल गई है। लेकिन प्रतिद्रव्य बड़ी मात्रा में दूरस्थ विश्व में भी मौजूद होना चाहिए। कई वैज्ञानिकों की मान्यता है कि हमारा यह विश्व प्राथमिक कणों और ऊर्जा के एक महापिंड से पैदा हुआ है। अत: यह संभव है कि एक तरफ द्रव्यवाला विश्व अस्तित्व में आया तो दूसरी तरफ पूर्णत: प्रतिद्रव्य वाला विश्व भी अस्तित्व में आया होगा।

यह भी संभव है कि इस विशाल ब्रह्मांड की अनेक मंदाकिनियां सिर्फ प्रतिद्रव्य से बनी हों। कुछ वैज्ञानिकों का मत है कि हमारी अपनी आकाशगंगा मंदाकिनी में ही प्रतिद्रव्य से बने हुए बहुत-से तारे मौजूद होने चाहिए।

तारों और मंदाकिनियों के बारे में हमारा सारा ज्ञान इनसे उत्सर्जित होने वाले उस विकिरण पर आधारित है जो हमारी धरती पर पहुंचता रहता है। द्रव्य और प्रतिद्रव्य का विकिरण एक जैसा ही होता है। इसलिए बाह्य जगत में प्रतिद्रव्य का अस्तित्व है तो हम उसे आसानी से पहचान नहीं सकते। लेकिन इसकी खोज के प्रयास जारी हैं।

धूमकेतुओं पर विचार कीजिए। काफी दूर से ये हमारे सौरमंडल में पहुंचते हैं। कहते हैं कि धूमकेतु पिंड सघन गैसों के बर्फकणों से बने होते हैं। सूर्य के समीप पहुंचने पर ये गैसें चमकती हैं और सौर-विकिरण के दाब से इन चमकीली गैसों की हजारों किलोमीटर लंबी पूंछ हमें धूमकेतु के रूप में दिखाई देती है।

इन धूमकेतुओं के बारे में कुछ बातें अब भी बड़ी रहस्यमय हैं। रूसी वैज्ञानिक बोरिस कोंस्तांतिनोव का मत है कि ये धूमकेतु प्रतिद्रव्य से बने होते हैं। कुछ वैज्ञानिकों का मत है कि इन धूमकेतुओं के विखंडित होने से ही उल्काश्म जन्म लेते हैं। ये उल्काश्म हमारी धरती पर भी पहुंचते हैं। अधिकांश उल्काश्म

ऊपरी वायुमंडल में ही जलकर राख हो जाते हैं। लेकिन कभी-कभी कोई उल्काश्म धरातल पर आ गिरता है।

ऐसा ही एक उल्काश्म 1908 में साइबेरिया के मैदान में तुंगुस्का स्थान पर आ गिरा था, जिससे वहां एक बहुत बड़ा गड्ढा बना है। यह उल्काश्म संभवत: प्रतिद्रव्य का था।

जो भी हो, इतना निश्चित है कि हमारे इस विश्व में द्रव्य के अलावा प्रतिद्रव्य भी मौजूद हैं। बहुत से वैज्ञानिकों का मत है कि विश्व में द्रव्य और प्रतिद्रव्य बराबर-बराबर होना चाहिए। अत: यह स्पष्ट हो जाता है कि इस विश्व का आधा भाग परिद्रव्य से बना है। इस विश्व में द्रव्य के साथ-साथ प्रतिद्रव्य भी मौजूद है।

भारत में परमाणु ऊर्जा का विकास

परमाणु ऊर्जा का उद्‌भव और विकास पूर्णत: इसी शताब्दी की देन है। 1905 में आइंस्टाइन ने अपने प्रसिद्ध सूत्र $E = Me^2$ से सिद्ध किया कि द्रव्य को ऊर्जा में बदला जा सकता है। 1904 में इंग्लैंड के प्रख्यात भौतिकवेत्ता रदरफोर्ड ने लिखा था, 'रेडियोधर्मी तत्त्वों की विखंडन-प्रक्रिया को यदि स्वेच्छा से नियंत्रित किया जा सके, तो द्रव्य की अल्प मात्रा से भी विशाल ऊर्जा प्राप्त की जा सकती है।' रेडियोधर्मी तत्त्वों को नियंत्रित करना तो संभव नहीं हुआ, लेकिन 1919 में डॉ. रदरफोर्ड को ही पहली बार परमाणु के नाभिक को विखंडित करने में सफलता मिली। किंतु यह थी केवल आंशिक सफलता और वह भी मात्र प्रयोगात्मक। यूरेनियम तत्त्व के नाभिक को न्यूट्रानों से दो भागों में विखंडित करने में पहली बार सफलता मिली, दूसरे महायुद्ध के आरंभिक दिनों में जर्मनी के दो वैज्ञानिक स्ट्रासमान और ओटो हान को। इस महत्त्वपूर्ण आविष्कार के समाचार को डेनिश वैज्ञानिक नील्स बोर ने अमेरिका पहुंचा दिया। अमेरिका में निर्वासित आइंस्टाइन ने तत्कालीन अमरीकी प्रेसीडेंट रूजवेल्ट को एक पत्र लिखकर सूचित किया कि एटम बम बनाना संभव है। अमेरिका में एटम बम पर काम शुरू हुआ। 1942 में इटली के भौतिकवेत्ता एनरिको फर्मी, जो उस समय अमेरिका में थे, को यूरेनियम-नाभिकों के विखंडन की क्रमिक श्रृंखला प्राप्त करने में सफलता मिली। 1945 में संसार का पहला एटम बम अमेरिका में तैयार हुआ और उसी साल अगस्त महीने में जापान के नगरों—हिरोशिमा और नागासाकी—पर दो एटम बम डाले गए।

एटम बम बनने तक परमाणु ऊर्जा संबंधी सभी गवेषणाएं अमेरिका के चंद वैज्ञानिकों तक ही सीमित रहीं। एटम बम के प्रयोग के बाद भी कुछ साल तक परमाणु ऊर्जा संबंधी सभी महत्त्वपूर्ण तकनीक गुप्त रखे गए। जो देश वैज्ञानिक

प्रगति में काफी आगे थे, जैसे रूस, इंग्लैंड और फ्रांस—उन्होंने कुछ सालों के भीतर ही अपने-अपने परमाणु-अस्त्र बना लिए। परमाणु ऊर्जा के निर्माण के लिए विकसित देशों की कृपा पर निर्भर रहना संसार के अविकसित देशों की एक बहुत बड़ी लाचारी थी। ऐसा ही एक देश था भारत।

लेकिन स्वतंत्रता-प्राप्ति के बाद पिछले पचास सालों में इस क्षेत्र में भारत ने जो कुछ कर दिखाया है, वह कठिनाइयों पर सहानुभूति से विचार करें तो, सचमुच ही एक महान सफलता मानी जाएगी। परमाणु ऊर्जा संबंधी सर्वांगीण गवेषणा-कार्य को दृष्टि में रखकर अगस्त 1948 में 'एटॉमिक एनर्जी कमीशन' की स्थापना की गई थी। इसी साल इस कमीशन की एक इकाई ने परमाणु ऊर्जा के काम आने वाले खनिजों की खोज आरंभ कर दी। मद्रास और केरल की समुद्र-तटवर्ती बालू में थोरियम बहुतायत में उपलब्ध है, यह बात पहले से ही ज्ञात थी। अब बिहार में भी थोरियम और यूरेनियम के खनिज खोजे गए। आज बिहार में जदुगुड़ा, केरल में अलवये और मद्रास में मानवलकुरीची स्थानों पर इन खनिजों के शुद्धिकरण के लिए कारखाने स्थापित हैं।

आरंभिक वर्षों में परमाणु ऊर्जा के क्षेत्र में भारत की सबसे बड़ी सफलता थी, ट्राम्बे 'अप्सरा' रिएक्टर की स्थापना। भूतपूर्व सोवियत संघ के अलावा एशियाई देशों में निर्मित यह पहला रिएक्टर था। 4 अगस्त, 1956 को यह रिएक्टर कार्यान्वित हुआ। गौरव की बात तो यह है कि अप्सरा का निर्माण भारतीय वैज्ञानिकों और इंजीनियरों के हाथों ही हुआ है। अप्सरा के बाद कनाडा की सहायता से 'सिरुस' रिएक्टर बनाया गया, जिसका औपचारिक उद्‌घाटन जनवरी 1961 में हुआ। सिरुस का उद्‌घाटन होने के कुछ दिनों बाद ही 'जेरलिना' रिएक्टर की नींव डाली गई। अप्सरा की तरह यह रिएक्टर भी पूर्णत: भारतीय वैज्ञानिकों की कृति है।

परमाणु ऊर्जा के शांतिमय उपयोगों को सामने रखकर इन रिएक्टरों की स्थापना हुई थी। इन रिएक्टरों का परमाणु ऊर्जा संबंधी गवेषणा-कार्य में उपयोग तो होता ही है, ये रेडियो-आइसोटोप अर्थात् समस्थानिक भी पैदा करते हैं। विज्ञान के विभिन्न क्षेत्रों में आज इन समस्थानिकों का इस्तेमाल होता है। कृषिशास्त्र, कैंसर का इलाज, खाद्य-सामग्री का निर्माण आदि विज्ञान के सैकड़ों प्रयोगों में रेडियो-समस्थानिकों का इस्तेमाल आज एक आम बात हो गई है। इन रेडियो-समस्थानिकों के उत्पादन में भारत की प्रगति को इसी से जाना जा सकता है

कि ट्राम्बे के इन रिएक्टरों ने पिछले साल देश के विभिन्न गवेषणा-केंद्रों के अलावा आस्ट्रेलिया, डेनमार्क, फ्रांस, इटली, पोलैंड, अमेरिका आदि देशों को भी समस्थानिकों का निर्यात किया है। ट्राम्बे के ये रिएक्टर लगभग 350 किस्म के समस्थानिक पैदा करते हैं और देश की लगभग तीन सौ प्रयोगशालाएं इनसे लाभ उठाती हैं।

आज के यांत्रिक युग के प्रमुख ईंधन हैं, तेल और कोयला। लेकिन हम जानते हैं कि यदि आपकी रफ्तार से इन ईंधनों का इस्तेमाल होता रहा, तो ये ईंधन अधिक दिनों तक नहीं टिक सकते। धरती के गर्भ में कोयला और तेल का संग्रह अनंत नहीं ही है। आज से 50 साल बाद ही धरती के गर्भ से तेल और कोयला प्राप्त करना मुश्किल हो जाएगा। लेकिन अब कोयले और तेल के खत्म हो जाने का किसी को भय नहीं रह गया है। क्योंकि अब हम परमाणु ऊर्जा से बिजली पैदा कर सकते हैं।

परमाणु ऊर्जा से बिजली पैदा करने की योजना में भी भारत पीछे नहीं रहा। तारापुर (महाराष्ट्र) में 1963 में भारत के पहले परमाणु बिजलीघर के निर्माण का कार्य आरंभ हुआ। यह बिजलीघर अमेरिका की सहायता से बनाया गया है और विश्वास है कि अप्रैल 1969 से, अर्थात् अगले साल से, यह बिजली का उत्पादन शुरू हुआ। तारापुर परमाणु बिजलीघर 380 मेगावाट बिजली पैदा करेगा और उम्मीद है कि महाराष्ट्र और गुजरात को प्रति यूनिट 4 पैसे की दर से पावर मिलने लग गई है।

दूसरा परमाणु बिजलीघर बन रहा है, राजस्थान के राणाप्रताप सागर स्थान पर। कनाडा की सहायता से तैयार हो रहा यह बिजलीघर दो इकाइयों में 1972 के अंत तक तैयार हो गया और इसकी प्रत्येक इकाई 200 मेगावाट बिजली पैदा करेगी।

तीसरा परमाणु बिजलीघर कल्पकम् (मद्रास) में बन रहा है। आरंभ में यह 200 मेगावाट बिजली पैदा करेगा। कल्पकम् परमाणु बिजलीघर के बारे में गौरव की बात यह है कि यह पूर्णत: भारतीय वैज्ञानिकों के हाथों तैयार हुआ।

इन तीनों परमाणु बिजलीघरों के निर्माण पर होने वाले व्यय पर विचार करें तो स्पष्ट होगा कि परमाणु ऊर्जा के निर्माण के बारे में भारत धीरे-धीरे स्वावलंबी होता जा रहा है। तारापुर बिजलीघर पर कुल मिलाकर 89 करोड़ रुपए खर्च आएगा। इसमें से 66 प्रतिशत व्यय बाहर से यंत्र-सामग्री मंगाने में होगा। राजस्थान के परमाणुघर

राणा प्रताप सागर में निर्माणाधीन परमाणु बिजलीघर

की प्रथम इकाई पर 59 करोड़ रुपया खर्च होगा, जिसमें से लगभग 36 करोड़ रुपया (61 प्रतिशत) बाहर से सामान मंगाने में व्यय हुआ। कल्पकम् बिजलीघर की प्रथम इकाई पर 70 करोड़ रुपए खर्च आया। लेकिन इसमें से केवल 14 करोड़ रुपए (20 प्रतिशत) का सामान ही बाहर से मंगाया गया। निस्संदेह यह स्वावलंबन की ओर एक महान प्रगति है। इन तीनों परमाणु बिजलीघरों के तैयार हो जाने पर इनसे अपने देश को कुल मिलाकर 1000 मेगावाट बिजली मिलने लग गई है।

परमाणु ईंधन के निर्माण में भारी पानी की जरूरत पड़ती है। 1962 में नंगल (पंजाब) के रासायनिक खाद प्रोजेक्ट से संलग्न एक भारी पानी उत्पादन केंद्र की स्थापना हुई। अब कोटा (राजस्थान) में प्रतिवर्ष 100 टन भारी पानी के उत्पादन की क्षमता का एक कारखाना खड़ा किया गया। भारी पानी की ही तरह परमाणु ऊर्जा के लिए यूरेनियम एक परमावश्यक वस्तु है। यूरेनियम खनिज भारत में बहुत अधिक मात्रा में तो उपलब्ध नहीं है, किंतु जितना उपलब्ध है, उसके शुद्धिकरण के लिए भी ट्रांबे में एक नया कारखाना तैयार हो रहा है।

हम बता ही चुके हैं कि भारत में थोरियम का संग्रह संसार में सबसे अधिक है। इसे सीधे परमाणु ईंधन के रूप में तो उपयोग में नहीं लाया जा सकता, किंतु रिएक्टरों में यूरेनियम प्रक्रिया से जो प्लूटोनियम तैयार होता है, उसकी सहायता से थोरियम से यूरेनियम-233 प्राप्त किया जा सकता है, जो एक परमाणु ईंधन है।

यह तो सर्वविदित है कि डॉ. होमी भाभा के अथक प्रयासों का ही यह परिणाम है कि आज भारत ने परमाणु ऊर्जा के शांतिमय उपयोगों के क्षेत्र में संसार के देशों में एक प्रमुख ज्ञान हासिल किया है। जनवरी 1957 में ट्राम्बे के परमाणु ऊर्जा संस्थान की स्थापना हुई थी। कुछ साल पहले, डॉ. होमी भाभा की स्मृति में, इस संस्थान को नया 'होमी भाभा परमाणु गवेषणा केंद्र' का नाम दिया गया है।

इन सब उपलब्धियों पर विचार करने पर कोई भी स्वीकार करेगा कि परमाणु ऊर्जा के क्षेत्र में भारत ने उच्च क्रमांक तो प्राप्त किए ही हैं; जटिल वैज्ञानिक गवेषणा के क्षेत्र में भी देश को अल्पकाल में स्वावलंबी बनाया जा सकता है, इस बात को सिद्ध कर दिखाया है।

रेडियोधर्मी विकिरण कितना खतरनाक, कितना उपयोगी?

आज से 15 अरब साल पहले प्राकृतिक शक्ति के जरिये जिस नाभिक का निर्माण हुआ था, उसे समझना और विखंडित करने में सफलता प्राप्त करना आधुनिक विज्ञान की महानतम उपलब्धि है।

इस उपलब्धि से मानव समाज को कई लाभ हैं, तो कुछ भयावह खतरे भी हैं। समस्या यह है कि कृत्रिम साधनों से ज्यादा मात्रा में रेडियोधर्मिता की पैदावार को हम कैसे झेल पाएंगे?

यह रेडियोधर्मी विकिरण हमारी कोशिकाओं और गुण सूत्रों को बदल सकता है, कैंसर जैसी व्याधियां पैदा कर सकता है, विकृत संतान पैदा कर सकता है।

इतने खतरे होने के बावजूद हम इसे त्याग नहीं सकते। क्योंकि एक औद्योगिक रेडियोधर्मी विज्ञान ही अस्तित्व में आ गया है।

ऐसे में जरूरी है कि हम परमाणु विकिरण से सुरक्षा के अधिकाधिक बेहतर उपाय सोचें।

इसी रेडियोधर्मी विकिरण से संबंधित कुछ महत्त्वपूर्ण जानकारियां यहां दी जा रही हैं।

सदियों से विज्ञान का मुख्य लक्ष्य रहा है, प्रकृति की व्यवस्था को समझना और प्राकृतिक नियमों की खोज करना। लेकिन अब स्थिति तेजी से बदल रही है। विज्ञान अब प्रकृति की बुनियादी व्यवस्था में रद्दोबदल करने में समर्थ बनता जा रहा है। विज्ञान और टेक्नोलॉजी की यह नई क्रांतिकारी भूमिका अनेक सामाजिक समस्याओं को जन्म देने जा रही है। परमाणु ऊर्जा या विकिरण ऐसी ही एक नई जटिल समस्या है।

आधुनिक विज्ञान ने ऐसी कई नई चीजें पैदा की हैं जो प्रकृति में पहले मौजूद नहीं थीं। यह जानकर कि अणु-परमाणुओं से चीजें किस प्रकार बनती हैं अनेक नए रसायनों और रासायनिक वस्तुओं का सृजन किया गया है। तीन दशक पहले 'आनुवंशिक कोड' यानी जीवन की मूलभूत इकाई के बारे में जानकारी मिली। अब इस 'आनुवंशिक कोड' में इच्छानुसार रद्दोबदल करना संभव हो रहा है। आनुवंशिक कोड में रद्दोबदल करने का अर्थ है, जीवों में नए गुणों का आरोपण करना या नए किस्म के जीवों की सृष्टि करना। जो काम प्राकृतिक शक्तियां करती रही हैं, उसे अब आदमी ने अपने हाथ में ले लिया है।

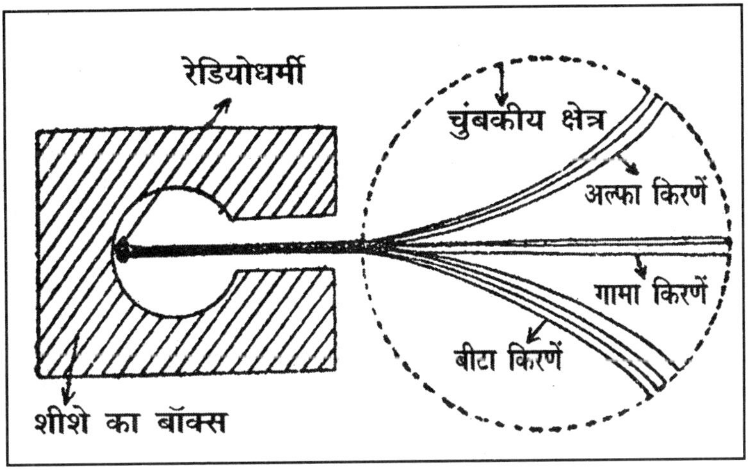

रेडियोधर्मी विकिरण के पृथक्करण के लिए प्रायोगिक व्यवस्था

परमाणु ऊर्जा की भी यही स्थिति है। यूरेनियम के परमाणु के नाभिक का एकाएक विखंडन प्रकृति में कहीं नहीं होता, लेकिन अब परमाणु रिएक्टरों में होता है, एटम बमों के विस्फोटों में होता है। प्रकृति में प्लूटोनियम कहीं उपलब्ध नहीं है। यह एक मानव-निर्मित रेडियोधर्मी तत्त्व है। यूरेनियम-238 को रिएक्टर में स्थापित करने पर यह प्लूटोनियम में रूपांतरित हो जाता है। प्लूटोनियम से ऊर्जा प्राप्त की जा सकती है। प्लूटोनियम से एटम बम भी बनाए जाते हैं। इसे ज्यों-का-त्यों रखना एक भयावह समस्या है, क्योंकि इसकी अर्द्धायु लगभग 25000 साल है।

प्रकृति में कुछ ऐसे तत्त्व मौजूद हैं जिनके परमाणुओं के नाभिकों से स्वयमेव सूक्ष्म कणों या विकिरण की धारा फूटती रहती है। लेकिन ऐसे रेडियोधर्मी तत्त्व प्रकृति में बहुत कम हैं। रेडियम ऐसा ही एक प्राकृतिक रेडियोधर्मी तत्त्व है। 1898 में क्यूरी-दंपती ने रेडियम की खोज की थी।

कृत्रिम रेडियोधर्मी तत्त्वों की खोज

लेकिन अब भारी मात्रा में कृत्रिम रेडियोधर्मी तत्त्वों का सृजन करने में सफलता मिल गई है। सबसे पहले 1934 में मैडम क्यूरी की बेटी इरेन और दामाद फ्रेडरिक झॉल्यो-क्यूरी को कृत्रिम रेडियोधर्मी तत्त्वों का निर्माण करने में सफलता मिली थी। अब तक एक हजार से भी अधिक कृत्रिम रेडियोधर्मी समस्थानिकों का निर्माण हो चुका है। ये रेडियोधर्मी समस्थानिक रिएक्टरों में तैयार किए जाते हैं। हमारे देश के साइरस और ध्रुव रिएक्टरों में भी ये रेडियोधर्मी समस्थानिक पैदा किए जाते हैं।

इस प्रकार, मामला प्राकृतिक व्यवस्था में परिवर्तन करने का है, प्राकृतिक बनाम कृत्रिमता का है। सूर्य की जिस ऊर्जा के सहारे धरती पर जीव-जगत का विकास संभव हुआ है वह हाइड्रोजन के संगलन की ऊर्जा है। सभी तारों में इसी प्रकार की ऊर्जा पैदा होती है। परंतु यूरेनियम जैसे भारी तत्त्वों के परमाणुओं के विखंडन से प्राप्त की जानेवाली ऊर्जा आदमी की अपनी नई खोज है।

इसी प्रकार, नए-नए रेडियोधर्मी तत्त्वों का निर्माण करना एक कृत्रिम चीज है। रिएक्टरों के निर्माण के पहले संसार भर में मुश्किल से एक किलोग्राम रेडियम संचित हो पाया था। पर अब रिएक्टरों में सैकड़ों किस्म के टनों रेडियोधर्मी समस्थानिक पैदा किए जाते हैं।

प्रकृति की व्यवस्था में रद्दोबदल करके विखंडन की यह जो नई ऊर्जा और रेडियोधर्मी समस्थानिकों की विकिरणें पैदा की जा रही हैं, यह मानव जीवन के लिए एक जटिल समस्या बनती जा रही है। इस समस्या का समाधान विज्ञान की इस महान उपलब्धि को नकारकर नहीं, बल्कि इसे ठीक से समझकर ही ढूंढा जा सकता है। वैज्ञानिकों को परमाणु के भीतर के नन्हे नाभिक को ठीक से समझने में सफलता मिली है, इसलिए यह महान उपलब्धि संभव हुई है।

कणाद और देमोक्रितु—जैसे प्राचीन विचारकों ने भूतद्रव्य की सूक्ष्मतम इकाई के रूप में परमाणु की कल्पना तो की थी, परंतु इसके आकार-प्रकार और स्वरूप के बारे में उन्हें कोई जानकारी नहीं थी। जॉन डाल्टन (1766-1844) ने पदार्थों की रचना में परमाणुओं की भूमिका को तो स्पष्ट किया था, परंतु उन्हें भी परमाणु की रचना के बारे में कोई जानकारी नहीं थी। देमोक्रितु की तरह डाल्टन की भी मान्यता थी कि परमाणु अखंड (एटम) है।

मैडम क्यूरी और पियरे क्यूरी ने 1898 में जब रेडियोधर्मी तत्त्व रेडियम की खोज की, तभी पहली बार पता चला कि परमाणु के भीतर ऐसी कोई चीज है जिससे शक्तिशाली विकिरण बाहर आता रहता है। वर्तमान सदी के दूसरे दशक में यह भी स्पष्ट हो गया कि परमाणु के भीतर एक नन्हा नाभिक होता है और इसी में से किरणें बाहर फूटती हैं।

सूक्ष्म नाभिक का अद्‌भुत संसार

आज हम परमाणु के नाभिक को काफी अच्छी तरह जानते हैं। सरल शब्दों में कहें तो परमाणु का नाभिक प्रमुख रूप से आवेश-रहित न्यूट्रोन और धनावेशी प्रोटॉन कणों से बना होता है। इसमें और भी कई सूक्ष्म कण मौजूद रहते हैं। यह नाभिक परमाणु से करीब दस हजार से एक लाख गुना छोटा होता है। नाभिक के इर्द-गिर्द ऋणावेशी इलेक्ट्रोन चक्कर लगाते रहते हैं। हालांकि परमाणु के भीतर निरंतर हलचल मची रहती है, फिर भी यह अपने में भूतद्रव्य की एक स्वतंत्र और ठोस इकाई है। नाना प्रकार की वस्तुओं के निर्माण में परमाणु के केवल बाहरी इलेक्ट्रोन ही सक्रिय भूमिका अदा करते हैं। रासायनिक क्रियाओं में परमाणुओं के नाभिक कोई भूमिका अदा नहीं करते। यही कारण है कि अभी कुछ दशक पहले तक परमाणु के नाभिक के बारे में हमें कोई जानकारी नहीं मिली थी।

लेकिन असली चीज परमाणु का नाभिक ही है। बड़ा अद्‌भुत है परमाणु के नाभिक का यह संसार। पहली बात तो यही है कि परमाणु का अधिकांश द्रव्य इसके नाभिक में निहित रहता है। विशेष प्रकार के दो बलों के जरिये नाभिक संयुक्त बना रहता है। नाभिक के दायरे में इन दो नए बलों की खोज आधुनिक काल में हुई है। अठारहवीं सदी के अंत तक प्रकृति में केवल दो

बल खोजे गए थे—गुरुत्वाकर्षण और विद्युत-चुंबकीय बल। परमाणु के नाभिक के दायरे में दो और बल खोजे गए—दृढ़ बल (स्ट्रांग फोर्स) और क्षीण बल (वीक फोर्स)। दृढ़ बल नाभिक के धनावेशी प्रोटोनों को आपस में बांधे रखता है, और यह प्रकृति का सबसे शक्तिशाली बल है। क्षीण बल नाभिक के भीतर और भी कम दूरी तक सीमित रहता है और नए-नए कणों का सृजन करके इन्हें रेडियोधर्मी विकिरण के रूप में नाभिक के बाहर फेंकता है।

वैज्ञानिक हमें जानकारी देते हैं कि आज से करीब 15 अरब साल पहले विश्व का समस्त द्रव्य एक महापिंड में पुंजीभूत रहा है। फिर इस महापिंड में एकाएक विस्फोट हुआ, परमाणु-कणों तथा ऊर्जा का बिखराव शुरू हुआ, और साथ-साथ दिक् और काल का भी विस्तार आरंभ हुआ। पता चलता है कि विश्वोत्पत्ति की इस घटना के केवल तीन मिनट बाद पहली बार प्रोटोन और न्यूट्रोन कणों का संयोजन होकर परमाणुओं के नाभिकों का सृजन हुआ था।

नाभिक का विखंडन

आज से करीब 15 अरब साल पहले प्राकृतिक शक्ति के जरिये जिस नाभिक का निर्माण हुआ था, उसे तोड़ने में पहली बार आदमी को सफलता मिली हमारे समय में। परमाणु के नाभिक की रचना को समझना, इसे विखंडित करने में सफलता प्राप्त करना, आधुनिक विज्ञान की एक महानतम उपलब्धि है। इस उपलब्धि से मानव समाज के लिए अनेकानेक लाभ हैं, तो कुछ भयावह खतरे भी हैं। इसलिए सर्वप्रथम ठीक से समझना जरूरी है कि परमाणु के नाभिक में रद्दोबदल करके ऊर्जा और विकिरण को किस प्रकार प्राप्त किया जाता है।

न्यूट्रोन कण के आघात से यूरेनियम-235 का नाभिक जब विखंडित होता है तो यह दो टुकड़ों में बंट जाता है। साथ ही, गामा विकिरण, बीटा विकिरण, न्यूट्रोन कण आदि के रूप में ऊर्जा पैदा होती है। रिएक्टरों में पैदा होने वाली इसी ऊर्जा का उपयोग करके पहले भाप और फिर टर्बो-जैनरेटरों से बिजली पैदा की जाती है। एटम बम के विस्फोट में यह ऊर्जा एकाएक पैदा होती है और विनाशलीला का कारण बनती है।

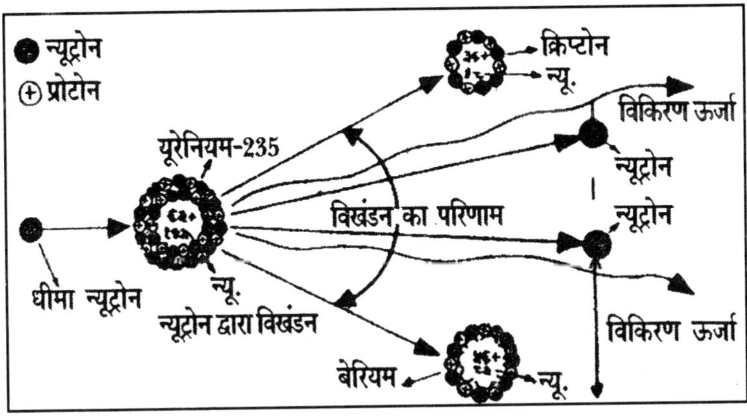

यूरेनियम का विखंडन

प्रकृति में रेडियम, यूरेनियम, थोरियम—जैसे कुछ तत्त्व भी मौजूद हैं जिनके नाभिक स्वयं ही विकिरण उत्सर्जन करते रहते हैं। इस प्रक्रिया में इनके नाभिकों का धीरे-धीरे क्षय होता जाता है। इन्हें हम प्राकृतिक रेडियोधर्मी तत्त्व कहते हैं। अल्पमात्रा में ये रेडियोधर्मी तत्त्व सर्वत्र मौजूद है—चट्टानों में, मिट्टी में, जीव-जगत में और मनुष्य के शरीर में भी।

लेकिन अब भारी मात्रा में कृत्रिम रेडियोधर्मी तत्त्व पैदा करने में भी सफलता मिल गई है जैसे, परमाणु रिएक्टरों में अब टनों प्लूटोनियम पैदा होता है। कोबेल्ट-59 को रिएक्टर में स्थापित करने पर यह रेडियोधर्मी समस्थानिक कोबेल्ट-60 में बदल जाता है। इस प्रकार सैकड़ों नए रेडियोधर्मी समस्थानिक तैयार किए जा सकते हैं, किए जा रहे हैं।

खतरनाक रेडियोधर्मी विकिरण

जिन तत्त्वों के नाभिकों से तीव्र कणों और किरणों का उत्सर्जन होता है उन्हें ही रेडियोधर्मी तत्त्व कहते हैं। रेडियोधर्मी विकिरण मुख्यतः तीन प्रकार का है अल्फा, बीटा और गामा। अल्फा कण दो प्रोटोन और दो न्यूट्रोन से बना होता है, यानी यह हीलियम तत्त्व का नाभिक होता है। ये अल्फा का वायु में 11 सें.मी. तक यात्रा कर सकते हैं। कागज का एक पन्ना इन कणों को रोक सकता है।

बीटा किरणें दरअसल शक्तिशाली इलेक्ट्रोन होते हैं। इनका जन्म नाभिक के भीतर होता है, और इनके साथ न्यूट्रिनो नामक विलक्षण कण भी जन्म लेते हैं। एल्यूमिनियम की छह मिलीमीटर चद्दर और शीशे की एक मिलीमीटर चद्दर इन बीटा कणों को रोक सकती है।

उत्तेजित हुए नाभिकों से निकलने वाली गामा किरणें कम लंबाई की होती हैं, इसलिए इनकी भेद-शक्ति अधिक होती है। एक्स-किरणें एक प्रकार की गामा-किरणें ही हैं। इन अल्फा, बीटा और गामा (एक्स) किरणों या कणों का ही सामूहिक नाम है रेडियोधर्मी विकिरण।

यह शक्तिशाली रेडियोधर्मी विकिरण जब किसी चीज के परमाणुओं पर चोट करता है तो उसके बाहरी इलेक्ट्रोनों को विचलित कर देता है। परमाणु के कुछ बाहरी इलेक्ट्रोन उससे टूटकर अलग हो जाते हैं। तब वे परमाणु धनावेशी बन जाते हैं, आयन बन जाते हैं। इसलिए रेडियोधर्मी विकिरण को आयनकारी विकिरण भी कहते हैं। आयनीकृत परमाणु तीव्र रासायनिक क्रियाएं दर्शाते हैं, अपने समीप के अणुओं को भी बदल सकते हैं, इसीलिए यह रेडियोधर्मी या आयनकारी विकिरण धरती के जीव-जगत के लिए खतरनाक बनता है। यह विकिरण शरीर की कोशिकाओं में सहज ही रद्दोबदल कर सकता है। यह गुणसूत्रों में भी रद्दोबदल कर सकता है।

इस रेडियोधर्मी विकिरण के बारे में महत्त्व की एक और बात को समझ लेना जरूरी है। चाहे प्राकृतिक रूप से उपलब्ध रेडियम हो या रिएक्टर में तैयार किया गया कोबेल्ट-60 हो, इनसे फूटने वाले रेडियोधर्मी विकिरण के प्रवाह को किसी भी उपाय से रोका नहीं जा सकता। परमाणु का नाभिक तब तक विकिरण का उत्सर्जन करता रहेगा, जब तक इसका पूर्ण क्षय नहीं हो जाता।

परमाणु रिएक्टर का खतरा

परमाणु रिएक्टरों को लीजिए। संसार का पहला रिएक्टर अमेरिका में 1942 में एटम बम के लिए प्लूटोनियम तैयार करने के लिए बनाया गया था। बिजली पैदा करने वाला संसार का पहला रिएक्टर 1954 में भूतपूर्व सोवियत संघ में बना था। अब तक संसार में करीब सात सौ रिएक्टर बन चुके हैं। यूरेनियम और थोरियम इन रिएक्टरों के बुनियादी ईंधन हैं। रिएक्टर में यूरेनियम-235 के नाभिकों का

विखंडन होकर ऊर्जा पैदा होती है और यूरेनियम-238 प्लूटोनियम में रूपांतरित हो जाता है। साथ ही, रिएक्टर में कई सारे नए रेडियोधर्मी तत्त्व भी जन्म लेते हैं। रिएक्टर में पैदा होने वाली 'राख' को साफ करके कुछ उपयोगी रेडियोधर्मी समस्थानिक प्राप्त किए जाते हैं। शेष राख को सुरक्षित स्थान पर दफनाना पड़ता है। रेडियोधर्मी राख को दफनाने की समस्या अभी पूरी तरह सुलझी नहीं है। रिएक्टर करीब 25-30 साल तक काम कर सकता है। उसके बाद समूचे रिएक्टर को सीलबंद कर देना जरूरी हो जाता है। इस समस्या का भी समुचित समाधान अभी प्राप्त नहीं हुआ है।

रिएक्टरों से अनेक किस्म के खतरे हैं। सुरक्षा के कड़े प्रबंधों के बावजूद विंडस्केल (इंग्लैंड), थ्री माइल आइलैंड (अमेरिका) और चेरनोबिल—जैसी कुछ दुर्घटनाएं हुई ही हैं। भूकंप या बमबारी से भी रिएक्टर भयावह दुर्घटना के शिकार हो सकते हैं। ऐसे समय रिएक्टरों में मौजूद टनों रेडियोधर्मी तत्त्व वायुमंडल में फैल सकते हैं, मिट्टी और पानी में मिलकर अंत में वनस्पति और प्राणियों में पहुंच सकते हैं। इनका प्रभाव सालों तक बरकरार रहेगा।

रेडियोधर्मी समस्थानिक स्ट्रोंशियम-90 और सिसियम 137 का उदाहरण लीजिए। एटम बमों के विस्फोटों और परमाणु रिएक्टरों में ये रेडियोधर्मी तत्त्व जन्म लेते हैं। स्ट्रोंशियम की अर्द्धायु 28 साल है और सिसियम-137 की 33 साल यानी क्रमश: इतने सालों में इनकी रेडियोधर्मिता आधी रह जाती है। ये तत्त्व यदि पानी या वायु में पहुंच जाएं, तो दूध या अनाज के रास्ते शरीर में प्रवेश करके दीर्घकाल के लिए घातक सिद्ध हो सकते हैं। स्ट्रोंशियम 90 कैल्शियम जैसी चीज है और आसानी से हड्डियों में पहुंच जाती है। हड्डियों में पहुंचकर यह अपने रेडियोधर्मी विकिरण से हड्डियों का क्षय कर सकती है, उनमें कैंसर पैदा कर सकती है दूसरे कई रेडियोधर्मी तत्त्वों का भी यही हाल है।

दुनिया में खतरे और भी कई किस्म के हैं। एक उदाहरण है भोपाल की गैस दुर्घटना। केवल चार साल के भीतर ही एड्स की नई भयावह व्याधि से करीब बीस हजार लोगों की मृत्यु हो चुकी है। फिर भी, यह स्वीकार करना पड़ता है कि रेडियोधर्मिता एक नितांत नए किस्म का खतरा है, न केवल मनुष्य के लिए बल्कि धरती के समस्त जीव-जगत के लिए। यह रेडियोधर्मी विकिरण हमारी कोशिकाओं और हमारे गुणसूत्रों को बदल सकता है, कैंसर-जैसी व्याधियां पैदा कर सकता है, विकृत संतानें पैदा कर सकता है।

तो क्या कृत्रिम रेडियोधर्मिता के सभी साधनों पर पूर्ण प्रतिबंध लगा दिया जाए। परमाणु के नाभिक से ऊर्जा और विकिरण प्राप्त करने के बारे में जो नया ज्ञान अर्जित हुआ है उसे भुला दिया जाए? यह संभव नहीं। परमाणु के नाभिक से प्राप्त होने वाली यह ऊर्जा हमारे लिए अनेक क्षेत्रों में अत्यंत लाभकारी सिद्ध हो रही है। इस ऊर्जा से बिजली पैदा की जा रही है। इस ऊर्जा से जलपोतों और पनडुब्बियों को चलाना भी संभव हुआ है। अंतरिक्षयानों में भी परमाणु ऊर्जा का उपयोग हो रहा है।

रेडियोधर्मी रेडियम, कोबेल्ट और सिसियम का कैंसर के इलाज में उपयोग होता है। रेडियोधर्मी समस्थानिकों से शरीर के अनेक अवयवों की विकृतियों को ठीक से पहचाना जा सका है। एक्स-रे परीक्षा एक बहुत बड़ा जीवन-रक्षक साधन है। रेडियोधर्मी विकिरण से उत्परिवर्तन (म्यूटेशन) करके कई अनाजों एवं फलों की बेहतर, रोगमुक्त और अधिक फसल देने वाली किस्में प्राप्त की गई हैं। विकिरण का उपयोग करके खाद्य वस्तुओं को लंबे समय तक सुरक्षित रखा जा सकता है।

रेडियोधर्मी विकिरण के धातुकर्म और रसायन में भी अनेकानेक उपयोग हैं। एक नया औद्योगिक रेडियोधर्मी विज्ञान (इंडस्ट्रियल रेडियोलॉजी) ही अस्तित्व में आ गया है।

रेडियोधर्मी विकिरण के खतरे अवश्य हैं, पर इसे अब हम त्याग नहीं सकते। वास्तविकता यही है। हां, इससे सुरक्षा के अधिकाधिक बेहतर उपाय हमें अवश्य खोजने होंगे।

तब भी क्या बची रहेगी यह पृथ्वी

इन दिनों 'नाभिकीय रात' और 'नाभिकीय शीत' खूब चर्चा में हैं। हिरोशिमा और नागासाकी की विनाशलीला के बाद अमेरिका और रूस ने पिछले छह दशकों में इतने अधिक ताकतवर बम बनाए हैं कि अब एटम बमों की ताकत किलोटन में नहीं मेगाटन में मापी जाती है। इस समय दोनों महाशक्तियों के पास हिरोशिमा पर डाले गए एटम बम जैसे दस लाख बम हैं।

वैज्ञानिकों और समाज-चिंतकों को आशंका है कि अगर इन बमों का इस्तेमाल होता है तो मानव जाति नहीं बचेगी, सिर्फ भयंकर, बर्फ, परमाणु-धूल और महामारियों से घिरी जमीन होगी। रेडियोधर्मिता जीवन की संभावनाएं काफी समय तक समांप्त कर देगी।

परमाणु-युद्ध की आशंका से उपजे सवालों पर विशेष सामग्री

जापान के हिरोशिमा और नागासाकी नगरों पर डाले गए एटम बम आज बनने वाले नाभिकीय अस्त्रों की तुलना में काफी कम शक्ति के थे। 6 अगस्त, 1945 को हिरोशिमा पर डाला गया पहला एटम बम केवल 12.5 किलोटन शक्ति का था और तीन दिन बाद नागासाकी पर डाला गया एटम बम 22.5 किलोटन का था। दोनों ही बमों का विस्फोट धरातल से कुछ ऊपर हुआ था।

फिर भी, इन दो एटम बमों ने जो तबाही मचाई, वह दिल दहला देने वाली है। केंद्रीय स्थान से करीब एक किलोमीटर की दूरी के घेरे में इन नगरों की आधी आबादी की तत्काल मृत्यु हो गई। आंखों की पुतलियां निकले हुए, शरीर से मांस लटके हुए और सिर के बाल उड़ गए शवों से सड़कें भर गईं। कुछ आदमियों का तो समूचा शरीर ही भाप बनकर उड़ गया। सड़क पर केवल उनकी छाया का निशान ही शेष रह गया! हिरोशिमा में करीब 1,40,000 लोगों की मृत्यु हुई और नागासाकी में करीब 60,000 लोगों की। बाद में कुल मृतकों की संख्या तीन लाख से ऊपर पहुंची।

एटम बम के विस्फोट से इतना अधिक ताप पैदा हुआ कि सब कुछ दावानल की तरह दहक उठा। इमारतें ढह गईं। धूल और धुएं के इतने विशाल बादल उठे कि अमेरिकी सैनिक अधिकारी 36 घंटों तक उसके चित्र भी उतार नहीं पाए। बिजली नहीं। पानी नहीं। कोई चिकित्सा-सेवा भी उपलब्ध नहीं। नागासाकी के मेडिकल अस्पताल में ग्यारह सौ डाक्टर और नर्सें थीं। इनमें से 812 की मृत्यु हो चुकी थी।

नागासाकी के एक प्रत्यक्षदर्शी चिकित्सक प्रो. इचिमुरा ने लिखा : 'मैंने उराकामी के अपने मेडिकल स्कूल पहुंचने की कोशिश की। यह जगह वहां से करीब 500 मीटर दूर थी जिसके ठीक ऊपर एटम बम फटा था। उराकामी से लोग मेरी तरफ आ रहे थे। वे भूत-प्रेत जैसे लग रहे थे...उनके शरीर में चमड़ी

के चिथड़े लटक रहे थे। दूसरे दिन किसी तरह में उराकामी पहुंचा। सब कुछ तहस-नहस हो गया था। केवल कुछ ही इमारतों के लोहे-कंक्रीट के अस्थिपंजर खड़े थे। पानी के एक ड्रम में मैंने एक आदमी का शव देखा। उसके मुंह से झाग निकल रहा था। भयंकर ताप से बचने के लिए वह उस ड्रम में कूद गया होगा। जब मैं वहां पहुंचा तो कुछ लोग अभी भी जिंदा थे, पर कोई भी हिल-डुल नहीं सकता था। मैंने उनसे बात की। वे चाहते थे कि उनका कोई इलाज हो। पर कोई इलाज नहीं हुआ। दो सप्ताह के भीतर ही उन सबकी मृत्यु हो गई।

जो लोग रेडियोधर्मिता के शिकार हुए थे, पर तत्काल मृत्यु से बचे, उनका बाद का जीवन दर्दनाक रहा। पिछले करीब चार दशकों में उनमें से सैकड़ों की मृत्यु हो चुकी है। रेडियोधर्मिता का प्रभाव माता-पिता से संतान में भी पहुंचा। नागासाकी पर एटम बम डाला गया, तो आमामोतो सुमिको मुश्किल से दस साल की बच्ची थी। बाद में उसका विवाह हुआ और उसे दो बच्चे हुए। मां से प्राप्त रेडियोधर्मिता के कारण दोनों बच्चे ल्यूकीमिया के शिकार हुए और दोनों की ही अकाल मृत्यु हो गई। हिरोशिमा और नागासाकी पर डाले गए एटम बमों का असर आगे अनेक पीढ़ियों तक कायम रहेगा।

हिरोशिमा और नागासाकी की विनाशलीला के बाद पिछले करीब चार दशकों में संसार की महाशक्तियों ने अधिकाधिक शक्तिशाली नाभिकीय बम बनाए हैं। शुरू में एटम बमों की शक्ति किलोटनों में मापी जाती थी, अब मेगाटनों में पाई जाती है। विशेषज्ञों का अनुमान है कि इस समय दोनों महाशक्तियों के पास कुल 15,000 मेगाटन शक्ति के 50,000 बम हैं। इतनी मेगाटन शक्ति का अर्थ है कि हिरोशिमा पर डाले गए एटम बम जैसे 10,00,000 बम!

इतने बम सारी दुनिया की आबादी का सफाया कर सकते हैं। यदि परमाणु युद्ध होता है, तो समूची मानवता का मूलोच्छेद सुनिश्चित है। कुछ लोग बच भी जाएंगे तो उनकी दशा मरने वालों से भी बदतर होगी।

परमाणु युद्ध केवल उत्तरी गोलार्द्ध तक सीमित रहता है, तब भी इसके भयावह परिणाम सारी दुनिया को भुगतने पड़ेंगे। क्योंकि परमाणु युद्ध के बाद धरती का वायुमंडल बड़ी तेजी से बदलेगा। धूल और धुएं के काले बादल धीरे-धीरे सारे धरातल को घेर लेंगे। दिन का उजाला अंधेरी काली रातों में बदल जाएगा। इस नाभिकीय रात (न्यूक्लियर नाइट्स) के बाद शुरू होगी नाभिकीय शीत ऋतु (न्यूक्लियर विंटर)। धरातल का तापमान शून्य डिग्री से तीस-चालीस डिग्री नीचे

पहुंच जाएगा। धरती की सारी वनस्पति नष्ट हो जाएगी, सारे पशु-पक्षी दम तोड़ देंगे। फिर नए सिरे से ही धरती पर विकास का क्रम शुरू होगा, शायद।

हिरोशिमा और नागासाकी पर डाले गए बमों से जान-माल को जो भारी क्षति पहुंची थी, उसकी जानकारी उसी समय मिल गई थी। बाद में रेडियोधर्मी विकिरण के फैलाव के बारे में भी जानकारी मिलती रही। लेकिन एटम बम के विस्फोटों से वायुमंडल में होने वाली रद्दोबदल पर उस समय बहुत कम ध्यान दिया गया था। बाद में एटम बम और हाइड्रोजन बम के वायुमंडल में परीक्षण किए गए, तभी जाकर अनेक नई बातों की जानकारी मिली। पता चला कि परमाणु विस्फोट ऊपरी वायुमंडल में मौजूद-रक्षक ओजोन-परत को भारी क्षति पहुंचाते हैं। यह भी पता चला कि वायुमंडल में किए गए परमाणु विस्फोट शक्तिशाली विद्युत-चुंबकीय आघातों को जन्म देकर दूर-दूर तक बिजली बंद कर दे सकते हैं, इलेक्ट्रोनिक उपकरणों को नष्ट कर दे सकते हैं। यदि परमाणु युद्ध होता है तो सारे संचार-उपग्रह एकदम बेकार हो जाएंगे। हमारी सारी संचार-व्यवस्थाएं ठप्प पड़ जाएंगी।

परमाणु युद्ध के बाद वायुमंडल में क्या तब्दीली होगी और किस तरह का नया मौसम बनेगा, इसका अध्ययन तीन साल पहले शुरू हुआ। सबसे पहले पश्चिम जर्मनी के प्रो. पॉल क्रुट्जेन और अमेरिका के प्रो. जोन बिर्क्स ने संयुक्त रूप से अपना अध्ययन प्रस्तुत किया : 'नाभिकीय युद्ध के बाद का वायुमंडल : दोपहर में शाम' के नाम से।

इन दो वैज्ञानिकों ने नाभिकीय विस्फोटों के बाद शहरों, जंगलों, खेतों और तेल तथा गैसों के भंडारों में लगने वाली आग पर विचार किया। अमेरिकी फॉरेस्ट सर्विस से आंकड़े लेकर ये वैज्ञानिक इस निष्कर्ष पर पहुंचे कि अगर दस लाख वर्ग किलोमीटर जंगल में आग फैल जाती है, तो 20 करोड़ टन धुआं और काजल वायुमंडल में पहुंच जाएगा। उत्तरी गोलार्द्ध के वायुमंडल में काले धुएं की परत सूरज को छिपा देगी। भरी दोपहरी को शाम के धुंधलके में बदल देगी।

हर शहर में तेल और गैस के भंडार तो होते ही हैं, और भी बहुत सारी दहनशील चीजें होती हैं। इसलिए अगर बड़े शहरों में आग फैलती है तो जंगल की आग से दुगुना धुआं आसमान में पहुंचेगा। हम यह भी जानते हैं कि तेल और पोलीमर वस्तुओं के जलने से पैदा होने वाले ऐरोसोल कण सूरज के प्रकाश का कुछ अधिक शोषण कर सकते हैं। इसलिए नगरों में लगने वाली आग नाभिकीय

रात (न्यूक्लियर नाइट्स) की घटना को अधिक गहरा बना सकती है।

न्यूक्लियर नाइट और न्यूक्लियर विंटर शब्द 1983 में अस्तित्व में आए। हालांकि सही मानों में ये वैज्ञानिक शब्द नहीं हैं, पर नाभिकीय युद्ध के बाद के मौसमी और जैविक प्रभावों के लिए अब इनका खूब इस्तेमाल होने लगा है। प्रसिद्ध खगोलविद् कार्ल सागां के नेतृत्व में अमेरिकी वैज्ञानिकों के एक दल ने नाभिकीय युद्ध के मौसमी प्रभावों से संबंधित अपना अध्ययन प्रकाशित किया, तो न्यूक्लियर विंटर की धारणा को स्टारवार्स की तरह प्रसिद्धि मिल गई। कार्ल सागां के दल ने अपना अध्ययन नवम्बर 1983 में प्रकाशित किया।

साफ है कि ऐसा अध्ययन वस्तुस्थिति पर आधारित नहीं हो सकता। एक मॉडल या प्रतिरूप को आधार मानकर ही कुछ निष्कर्षों पर पहुंचा जा सकता है। कार्ल सागां के दल ने अनेक अनुरूपों, प्रतिरूपों और प्रक्षेपणों का सहारा लेकर नाभिकीय शीत ऋतु का जो चित्र प्रस्तुत किया, वह अत्यंत भयावह है। संक्षेप में, इन वैज्ञानिकों की मान्यता है कि नाभिकीय युद्ध के बाद ऊपरी वायुमंडल में अधिक मात्रा में फैली धूल और निचले वायुमंडल में अधिक मात्रा में फैले धुएं के कारण चंद महीनों के भीतर ही धरातल का तापमान 40 से 50 डिग्री सेंटीग्रेड तक गिर जाएगा।

सूर्य की उष्णता के कारण जमीन और महासागर तपते हैं। फिर इस ताप विकिरण से वायुमंडल गर्म होता है। जितनी आसानी से सूर्य की ऊर्जा वायुमंडल को पार करके धरती पर पहुंचती है, उतनी आसानी से धरती का तापमान वायुमंडल को पार करके बाहर नहीं जा सकता। इसलिए धरती का तापमान आमतौर पर 30 डिग्री अधिक रहता है।

लेकिन अगर जंगलों, खेतों, नगरों और तेल-गैसों के भंडारों में बड़े पैमाने पर आग लगने से वायुमंडल में भारी मात्रा में धूल और काजल के कण फैल जाते हैं, तो इनके बादल सूर्य की ऊर्जा का ही शोषण कर लेंगे। उस स्थिति में धरातल धीरे-धीरे ठंडा होता जाएगा। हम यह भी कह सकते हैं कि तापमान की दृष्टि से धरातल और वायुमंडल की स्थिति एकदम उलट जाएगी।

मान लीजिए कि परमाणु युद्ध उत्तरी गोलार्द्ध तक सीमित रहता है। एक-दो सप्ताह के भीतर ही धूल और काजल के बादल अमेरिका, कनाडा, यूरोप, भूतपूर्व सोवियत संघ, चीन और जापान पर छा जाएंगे। जंगल और शहर कई सप्ताह तक आग में जलते रहेंगे। धूल और धुएं के बादल एक महीने बाद उत्तरी गोलार्द्ध को

भी घेर लेंगे। आसमान से सूरज का नजारा गायब हो जाएगा। धरातल का तापमान गिरता जाएगा। यह स्थिति कई महीनों तक बनी रहेगी।

विशेषज्ञों का कहना है कि अगर परमाणु युद्ध में 10,000 मेगाटन शक्ति के बमों का इस्तेमाल होता है, तो धरातल का तापमान शून्य से नीचे 50 डिग्री सेंटीग्रेड पर पहुंच जाएगा और यह स्थिति एक साल या इससे भी अधिक समय तक बनी रहेगी। यदि 100 मेगाटन बमों का इस्तेमाल होता है, तब भी धरातल का तापमान शून्य से 20 डिग्री सेंटीग्रेड नीचे पहुंच जाएगा। इसलिए यह कहना कि एक सीमित परमाणु युद्ध जीता जा सकता है, सरासर झूठ है।

धरती की तुलना में सागर काफी धीमी रफ्तार से ठंडे होते हैं, इसलिए तटीय क्षेत्र अपेक्षाकृत अधिक गर्म रहेंगे। लेकिन धरातल और महासागरों के तापमानों में अधिक भिन्नता के कारण सागरों में भयंकर तूफान उठेंगे और इनसे तटीय क्षेत्रों को भारी क्षति पहुंचेगी, नौपरिवहन और मत्स्य उद्योग पूरी तरह नष्ट हो जाएंगे।

यह सोचना भी गलत होगा कि अगर परमाणु युद्ध 40 से 70 डिग्री उत्तरी आक्षांशों तक सीमित रहता है, तो इसके प्रभाव से दक्षिणी एशिया, अफ्रीका और लातिन अमेरिका बचे रहेंगे। दरअसल, परमाणु युद्ध का सबसे ज्यादा असर उष्ण कटिबंधीय क्षेत्रों पर ही होगा। उष्टकटिबंधीय क्षेत्रों की वनस्पति तापमान के ज्यादा अंतर को झेल नहीं सकती। नाभिकीय शीत की स्थिति में उष्ण कटिबंधीय वनस्पति पूरी तरह नष्ट हो जाएगी। सूर्यताप न मिलने से इस वनस्पति में प्रकाश संश्लेषण (फोटोसिंथेसिस) की प्रक्रिया बंद हो जाएगी। इससे जंगल की वनस्पति और फसलें तो नष्ट हो ही जाएंगी, जैवमंडल में आक्सीजन की भी भारी कमी हो जाएगी।

जिन क्षेत्रों में परमाणु युद्ध होगा, वहां की कृषि उपज पूरी तरह नष्ट हो जाएगी, रेडियोधर्मिता से प्रदूषित हो जाएगी। उष्णकटिबंधीय क्षेत्रों की कृषि उपज भयंकर शीत और प्रकाश संश्लेषण की क्रिया बंद हो जाने के कारण नष्ट हो जाएगी। उत्तरी गोलार्द्ध में पेयजल के स्रोत जम जाएंगे। नए प्लैंकटन भोजन के अभाव में समुद्रों और नदियों की मछलियां भी दम तोड़ देंगी। कई सप्ताह तक जंगल और शहर जलते रहेंगे, तो धुएं के साथ बहुत सारे जहरीले पदार्थ भी वायुमंडल में पहुंच जाएंगे। रेडियोधर्मी पदार्थों के अलावा कार्बन-मोनोक्साइड, साइनाइड्स, डाइओक्सिन और अन्य अनेक प्रकार की विषैली गैसें वायुमंडल में फैल जाएंगी। इनके कारण पक्षी तो मरेंगे ही, आदमी और पशु भी अनेक रोगों के शिकार होंगे।

परमाणु युद्धक्षेत्र में चंद दिनों के भीतर लाखों-करोड़ों की संख्या में आदमी

और पशु मरेंगे। बिजली, पानी और चिकित्सा की सेवाएं कहीं उपलब्ध नहीं होंगी। शव सड़ते रहेंगे। अनेक किस्म की महामारियां फैलेंगी। जीवाणु अस्त्रों और जहरीली गैसों के भंडारों के फटने से भी कई सारी नई महामारियां फैलेंगी। परमाणु बिजलीघर भी निशाना बनेंगे। रिएक्टरों में मौजूद रेडियोधर्मी पदार्थ दूर-दूर तक फैलकर जमीन, जल, वनस्पति, फसल, दूध, आदि सभी चीजों को पूरी तरह प्रदूषित कर देंगे।

धरातल से करीब 20 किलोमीटर ऊपर वायुमंडल में ओजोन गैस की एक परत है। यह ओजोन गैस सूर्य की पराबैंगनी (अल्ट्रा वायलेट) किरणों को ऊपर ही रोक देती है, उन्हें धरातल पर नहीं पहुंचने देती। पराबैंगनी किरणें धरती के जीव-जगत के लिए घातक हैं। इनसे त्वचा का कैंसर होता है। दरअसल वायुमंडल में मौजूद ओजोन की परत के कारण ही धरती पर जीवन संभव हुआ है। ओजोन की छतरी सूर्य की घातक पराबैंगनी किरणों से हमारी रक्षा करती है।

परमाणु युद्ध की स्थिति में ओजोन की जीवन-रक्षक परत पूरी तरह नष्ट हो जाएगी। एक मेगाटन शक्ति के परमाणु बम के विस्फोट में करीब 5000 टन नाइट्रिक-ऑक्साइड पैदा होता है। नाइट्रिक-ऑक्साइड का एक अणु ओजोन के कई हजार अणुओं को नष्ट कर सकता है। इस तरह, एक मेगाटन के विस्फोट से पैदा हुआ 5000 टन नाइट्रिक-ऑक्साइड कम-से-कम 50 लाख टन ओजोन को तो निश्चय ही नष्ट कर देगा। विशेषज्ञों का अनुमान है कि वायुमंडल में करीब 4 अरब टन ओजोन गैस है। 1000 मेगाटन के परमाणु बम इस सारी ओजोन को नष्ट कर देने के लिए पर्याप्त हैं। दोनों महाशक्तियों के पास इस समय कुल 15,000 मेगाटन शक्ति के परमाणु बम हैं।

परमाणु युद्ध के कुछ महीनों के बाद धूल और धुएं के काले बादल जब हट जाएंगे, तब ओजोन की परत पूरी तरह नष्ट हो जाने के कारण सूर्य की घातक पराबैंगनी किरणें अबाध रूप से धरातल पर पहुंचेंगी। इसलिए काले बादलों के हट जाने पर भी धरातल पर बचे-खुचे जीव-जंतुओं को कोई राहत नहीं मिलेगी। पराबैंगनी किरणें त्वचा के कैंसर और अंधेपन को फैलाएंगी।

पूछा जा सकता है कि बड़े पैमाने पर कोई परमाणु युद्ध अब तक हुआ नहीं है, तो फिर वायुमंडल और मौसम में होने वाले परिवर्तन के बारे में ऐसे निष्कर्ष निकालना कैसे संभव है? पर यह संभव है। अतीत में धरती पर ऐसे अनेक विप्लव हुए हैं जिनके आधार पर परमाणु युद्ध से पैदा होने वाली मौसमी परिस्थितियों के

लिए मॉडल तैयार किए जा सकते हैं।

हम जानते हैं कि आज से करीब सात करोड़ साल पहले धरातल से सभी भीमकाय डायनासोर प्राणियों का लोप हो गया था। अनेक वैज्ञानिकों का मत है कि तब कोई क्षुद्रग्रह धरातल से टकरा गया था। उससे आसमान में जो धूल फैली और फिर नाभिकीय शीत जैसी जो परिस्थितियां पैदा हुईं, उन्हीं से डायनासोरों की मृत्यु हुई। मंगल ग्रह पर उठने वाले भयंकर तूफानों से भी वहां नाभिकीय शीत जैसी परिस्थितियां पैदा होती रहती हैं।

ज्वालामुखी के फटने पर भी आसमान में खूब सारी धूल फैल जाती है। 1815 में इंडोनेशिया के तंबोरा ज्वालामुखी में विस्फोट हुआ था, तो 150 घन किलोमीटर धूल दूर-दूर तक फैल गई थी। इस धूल के फैलाव के कारण उत्तरी अमेरिका और यूरोप में 1816 का साल बिना ग्रीष्म ऋतु के ही रह गया। जानकारी मिलती है कि उस साल बंगाल में खूब ठंड रही, फसल नष्ट हो गई, अकाल पड़ा और हैजे की महामारी फैली। जंगलों में लगने वाली भयंकर आग के नतीजों से भी परमाणु युद्ध के भयावह नतीजों का अनुमान लगाया जा सकता है।

परमाणु युद्ध में जो लोग बचे रहेंगे, उन्हें कठोर शीत, अंधेरे दिनों, रेडियोधर्मिता और जहरीले धुएं से व्याप्त दुनिया का सामना करना पड़ेगा। रेडियोधर्मी विकिरण से उत्परिवर्तन (म्यूटेशन) के जरिये नए जानलेवा विषाणु जन्म लेंगे। तब दक्षिणी गोलार्द्ध की दूर-दूर की कुछ गुफाओं में ही शायद प्रस्तर युग जैसा जीवन बिताने वाले कुछ मानव शेष रह जाएंगे। कुछ पीढ़ियों बाद उनका भी नामोनिशान मिट सकता है। इस प्रकार, परमाणु युद्ध इस धरती से समूची मानव-जाति को समाप्त कर सकता है। फिर नए सिरे से सृष्टि के विकास का दौर शुरू होगा। शुरू होगा भी या नहीं, कौन कह सकता है?

परिशिष्ट

परमाणु युद्ध

पहला महायुद्ध धरातल पर लड़ा गया था। दूसरा महायुद्ध काफी हद तक हवाई आकाश में लड़ा गया। तीसरा महायुद्ध अंतरिक्ष में लड़ा जाएगा। तैयारियां भी शुरू हो गई हैं। आप सोचेंगे—इससे हमें क्या? तबाही युद्धरत राष्ट्रों में मचेगी। लड़ाई अंतरिक्ष में जितनी दूर हो उतना ही अच्छा। लेकिन नहीं, तबाही सारी दुनिया में मचेगी। कल्पना कीजिए कि करीब दस हजार कि.मी. के ऊपर तीन मेगाटन के एक परमाणु बम का विस्फोट होता है। क्या होगा? एक सेकंड से भी कम समय में सारे उपग्रह, जासूसी, सैनिक और हमारे इनसेट-जैसे संचार व मौसमी उपग्रह भी—बेकार हो जाएंगे। धरातल की सारी तार-व्यवस्थाओं में बिजली की प्रचंड धाराएं बहेंगी। बिजलीघर बन्द पड़ जाएंगे। कंप्यूटर बन्द पड़ जाएंगे। संक्षेप में सेमी कंडक्टर, इलेक्ट्रोनिक्स पर आधारित सारी आधुनिक संचार-व्यवस्थाएं ठप्प पड़ जाएंगी। दुनिया के सारे मानव-जीवन की धड़कन रुक जाएगी, सारी दुनिया घोर अंधकार में डूब जाएगी। कारण? —प्रबल विद्युत-चुंबकीय प्रहार। प्रस्तुत है इस चिन्तनीय विषय का विवरण :

घटना 8 जुलाई, 1992 की है। स्थान—प्रशान्त महासागर का हवाई द्वीप समूह। रात के 11 बजने में चंद मिनट शेष। एकाएक हवाई के करीब 1300 कि.मी. दक्षिण-पश्चिम के छोटे-से जोंस्टन द्वीप के करीब 400 कि.मी. ऊपर अंतरिक्ष में 1.4 मेगाटन के एक अमेरिकी हाइड्रोजन बम का विस्फोट होता है। एक हरा-सफेद ज्योतिपुंज समूचे होनोलूलू को जगमगा देता है। सारा आकाश पहले पीला, फिर नारंगी और अंत में लाल हो जाता है। मानो आसमान में आग लग गई हो।

एक सेकंड के स्वल्पांश में ही धरातल पर अनेक विचित्र घटनाएं घटित

होती हैं। हवाई द्वीपों में सड़कों के लाइट बुझ जाते हैं, घरों की अलार्म घंटियां बज उठती हैं, तारों में बिजली का प्रवाह बन्द पड़ जाता है।

इतना ही नहीं, विस्फोट के तुरंत बाद 5000 कि.मी. दूर के न्यूफीलैंड के दक्षिणी आकाश में भव्य ध्रुवीय ज्योति औरोरा प्रकट हुई। हवाई द्वीप के क्षेत्र में रेडियो-संबंध छिन्न-भिन्न हो गए। पृथ्वी का समूचा विद्युत-चुंबकीय क्षेत्र हिल उठा, तेजी से कांपने लगा। बाद में पता चला कि इस विस्फोट के तुरंत बाद धरती की परिक्रमा कर रहे तीन उपग्रहों ने भी काम करना बन्द कर दिया।

इन सब विध्वंसक घटनाओं का कारण था—वींस्टन द्वीप के ऊपर अंतरिक्ष में किए गए परमाणु बम के विस्फोट से जनित शक्तिशाली विद्युत-चुंबकीय धक्का या प्रहार (इलेक्ट्रोनिक पल्स संक्षेप में ई.एम.पी.)।

अंतरिक्ष में परमाणु बम के विस्फोट का यह पहला प्रयोग नहीं था। 1958 से ही अमेरिकी सैनिक विमान अंतरिक्ष में परमाणु बम के विस्फोट के ऐसे प्रयोग करता आ रहा था। प्रोजेक्ट आगर्स के अंतर्गत 1958 में ऐसे कई प्रयोग किए गए थे और देखा गया था कि रेडियो, रेडार और अन्य संचार-व्यवस्थाओं पर इनके क्या परिणाम होते हैं।

जॉन्स्टन द्वीप के ऊपर अंतरिक्ष में जुलाई 1992 में किए गए जिस विस्फोट का हमने जिक्र किया है वह स्टारफिश के नाम से ज़ाना जाता है। अंतरिक्ष में किए गए विस्फोटों में यह एक अंतिम परमाणु विस्फोट था। इसके कुछ ही महीने बाद कैनेडी और ख्रुश्चेव में अंतरिक्ष में परमाणु बमों के प्रयोग पर रोक लगा देने के बारे में सहमति हो गई थी, और अंत में अगस्त 1993 में वायुमंडल, अंतरिक्ष और पानी के भीतर परमाणु बमों के विस्फोटों पर प्रतिबंध की सन्धि पर मास्को में हस्ताक्षर हुए थे। उसके बाद पिछले दो दशकों में इन देशों ने वायुमंडल या अंतरिक्ष में परमाणु बम के विस्फोट का कोई प्रयोग नहीं किया है। अत: विद्युत-चुंबकीय आघात के जो विध्वंसक परिणाम हो सकते हैं उनके बारे में अधिकांश जानकारी 1992 तक के प्रयोगों पर ही आधारित है।

आरम्भ में अमेरिका के सैनिक विशेषज्ञों ने विद्युत-चुंबकीय आघात के परिणामों पर विशेष ध्यान नहीं दिया। हवाई द्वीपों में घटित विचित्र घटनाओं की उन्हें जानकारी थी। पर उन्होंने यह जानकर संतोष कर लिया था कि बिजली की सारी व्यवस्थाएं ठप्प नहीं पड़ गई थीं, और अधिकतर टेलीफोन संबंध भी कायम थे।

लेकिन जैसे-जैसे विद्युत-चुंबकीय आघात का अध्ययन बढ़ता गया, वैसे-वैसे अमेरिकी सैनिक विशेषज्ञों की चिंता भी बढ़ती गई। पहले उन्होंने सोचा था कि इस प्रहार को रोकने का कोई-न-कोई उपाय खोज लिया जाएगा। लेकिन बाद में पता चला कि किसी भी साधन से इस आघात को रोकना सम्भव नहीं है। कृत्रिम तौर से विद्युत-चुंबकीय आघात पैदा करने की व्यवस्था करके अमेरिका में बड़े पैमाने पर इसके परिणामों का अध्ययन किया गया। इन परीक्षणों पर अरबों डॉलर खर्च किए गए हैं। पर अब तक कोई ठोस उपाय हाथ नहीं लगा है। शायद इसलिए भी पिछले दो दशकों में परमाणु हथियारों के इस्तेमाल के बारे में बननेवाली अमेरिकी योजनाएं निरंतर बदलती रही हैं।

पर यह विद्युत-चुंबकीय आघात है क्या चीज? इसके बारे में अधिकतर जानकारी वायुमंडल में परमाणु बमों के विस्फोटों पर प्रतिबंध लगाने के बाद ही मिली है।

वायुमंडल में अधिक ऊंचाई पर परमाणु (नाभिकीय) विस्फोट होने पर इसमें 'गामा' और 'एक्स' किरणें पैदा होती हैं। धरातल पर घना वायुमंडल इस विकिरण का जल्दी ही अवशोषण कर ले सकता है। परंतु काफी अधिक ऊंचाई पर वायुमंडल अत्यंत विरल होने से यह तीव्र विकिरण, प्रकाश की गति से, दूर-दूर तक पहुंच जाता है और वायु के अणुओं में से अनगिनत इलेक्ट्रॉनों को पृथक् कर देता है। तब ये इलेक्ट्रॉन पृथ्वी के विद्युत-चुंबकीय क्षेत्र में फंसकर इसकी धाराओं में तेजी से चक्रण करने लग जाते हैं। दिलचस्प बात यह है कि चक्रम करनेवाले ये इलेक्ट्रोन, रेडियो ट्रांसमीटर की तरह, एक शक्तिशाली आघात या चक्के को जन्म देते हैं। यह सब कुछ एक सेकंड के एक स्वल्पांश समय में हो जाता है।

यदि परमाणु बम का विस्फोट करीब एक हजार किलोमीटर के ऊपर हुआ है तो विद्युत-चुंबकीय आघात धरातल के एक विशोल क्षेत्र में 50000 वोल्ट प्रति मीटर के तुल्य होता। आघात से आदमियों को तो सीधे क्षति नहीं पहुंचेगी, पर अमेरिका-जैसे विशाल देश के बिजली और संचार-व्यवस्था के सारे साधन इससे छिन्न-भिनन हो जाएंगे। उदाहरण के लिए, अमेरिका की भूमि ऊपर के अंतरिक्ष में कोई बड़ा परमाणु विस्फोट हो जाए तो अनेकानेक बिजलीघर तो बन्द हो ही जाएंगे, रेडियो, टेलीविजन, टेलीफोन, उपग्रहों आदि की सारी संचार-व्यवस्थाएं एकदम बन्द पड़ जाएंगी। सारी सैनिक व्यवस्था निष्क्रिय पड़ जाएगी। प्रेसीडेंट

को भी अपनी इन सैनिक व्यवस्थाओं के साथ सम्पर्क स्थापित करने में बड़ी कठिनाई पैदा होगी।

दो दशक पहले अमेरिका के सैनिक विशेषताओं ने विद्युत-चुंबकीय आघात के खतरों पर विशेष ध्यान नहीं दिया, तो इसका एक कारण भी है। वह निवांत नलिकाओं (वैक्यूम ट्यूबों) का जमाना था, इलेक्ट्रोनिकी उच्च-वोल्टीय आघात को झेल सकती है, पर सिलिकन चिप्पड़ों पर अंकित परिपथों को विद्युत-चुंबकीय आघात सहज ही जला डालता है। और, आज की प्राय: सारी सैनिक व्यवस्थाएं—प्रक्षेपास्त्रों का प्रक्षेपण, कंप्यूटर का संचालन, प्राय: सारी संचार-व्यवस्थाएं—सिलिकन चिप्पड़ों पर पूर्णत: आश्रित है।

अमेरिकी सैनिक विशेषज्ञों के सामने सवाल था—भूतपूर्व सोवियत रूस को विद्युत-चुंबकीय आघात के बारे में क्या जानकारी है? उन्होंने क्या उपाय खोज निकाले हैं? या कि वे बेखबर हैं?

फिर 1979 में अचानक एक घटना घटी। एक भूतपूर्व सोवियत विमान चालक अपने एक लड़ाकू जेट मिग-25 को लेकर जापान में उतरा। जेट विमान क्या था, अमेरिकी खुफिया विभाग के हाथ एक अनमोल खजाना आ गया था। ध्वनि से तीन गुणा वेगवाले फाक्सवेट नामक इस लड़ाकू सोवियत विमान से उस समय पश्चिम के देश भयानक रूप से आतंकित थे।

परंतु अमेरिकी विशेषज्ञों ने जब इस सोवियत विमान की जांच की तो वे चकित रह गए। इस विमान के इलेक्ट्रोनिक उपकरणों में पुराने किस्म की निर्वात नलिकाओं (वैक्यूम ट्यूबों) का इस्तेमाल किया गया था।

ऐसा क्यों? सेमी-कंडक्टरों का इस्तेमाल क्यों नहीं? क्या भूतपूर्व सोवियत संघ की अर्थव्यवस्था इतनी पिछड़ी हुई है? या फिर किसी खास वजह से ऐसा किया गया है? क्या विद्युत-चुंबकीय आघात से लड़ाकू विमानों को सुरक्षित रखने के लिए ऐसा किया गया है?

अमेरिकी हाइड्रोजन बम के जनक प्रसिद्ध युद्ध-समर्थक वैज्ञानिक 'एडवर्ड टेलर' का मत रहा कि इस सोवियत विमान का निर्माण बड़ी चतुराई से किया गया है। जो भी हो, इस घटना के बाद अमेरिकी रक्षा विभाग ने अपने प्रसिद्ध प्रकाशन 'द इफेक्ट्स ऑफ न्यूक्लियर वेपंस' परमाणु हथियारों के परिणाम के नए संस्करणों में चेतावनी जोड़ दी—सेमी-कंडक्टर घटकों की बजाय निर्वात नलिकाओं वाले इलेक्ट्रॉनिक उपकरणों का इस्तेमाल करना बेहतर होगा।

लेकिन सैनिक संचालन से संबंधित सभी उपकरणों में, पीछे जाकर आज निर्वात नलिकाओं का इस्तेमाल करना सम्भव नहीं है। आज सेमी-कंडक्टर चिप्पड़ अमेरिका का सबसे बड़ा उद्योग बनता जा रहा है। कंप्यूटर संचालन, प्रक्षेपास्त्र का नियोजन, सभी संचार व्यवस्थाएं, संक्षेप में, परमाणु युद्ध का सारा भव्य आयोजन आज मुख्यत: सेमी-कंडक्टरों के चिप्पड़ों पर ही आश्रित है।

बड़ी विचित्र स्थिति है। जिन साधनों ने परमाणु हथियारों को अधिक तीव्र, दूरगामी और अचूक बनाया है वे ही सबसे पहले इनके शिकार बनते हैं। कल्पना कीजिए कि किसी बड़े शहर के पांच या दस हजार किलोमीटर ऊपर पांच या दस मेगाटन के परमाणु बम का विस्फोट होता है। तब एक सेकंड के अरबवें हिस्से से भी कम समय में अति शक्तिशाली विद्युत-चुंबकीय आघात से धरातल और अंतरिक्ष के एक बहुत बड़े क्षेत्र के अधिकांश इलेक्ट्रोनिक उपकरणों के चिप्पड़ों के परिपथ ध्वस्त हो जाएंगे। लंबे तारों ओर लोहे की पटरियों में बिजली का प्रचंड प्रवाह होगा। बिजलीघर बन्द पड़ जाएंगे। परमाणु बिजलीघरों के रिएक्टर पिघल जा सकते हैं। टेलीफोन, रेडियो और टेलीविजन संबंध खंडित हो जाएंगे। संचार, उपग्रह, 36000 किलोमीटर ऊपर की भूस्थायी कक्षा में परिक्रमा कर रहे सैनिक, जासूसी और संचार उपग्रह भी, तत्काल बेकार हो जाएंगे।

और, यह सब होगा एक सेकंड के एक अरबवें हिस्से से भी कम समय में। तब कोई राष्ट्राध्यक्ष अपनी सैनिक व्यवस्थाओं के साथ वैसे संबंध स्थापित कर पाएगा? युद्ध को चालू रखने या रोकने के आदेश वैसे दे पाएगा? बड़ी विकट समस्या है।

पहले यह समझा गया था कि अंतरिक्ष में स्थापित उपग्रहों पर विद्युत-चुंबकीय आघात को कोई खास प्रभाव नहीं पड़ेगा। अब पता चला है कि उपग्रहों पर इस आघात और भी अधिक प्रभाव पड़ता है। चंद हजार किलोमीटर के ऊपर यदि दो मेगाटन के परमाणु बम का भी विस्फोट किया जाए तो इससे पैदा होनेवाली गामा व एक्स किरणें 36000 किलोमीटर ऊपर की भूस्थायी कक्षा में परिक्रमा कर रहे उपग्रहों तक पहुंचकर उनके धातु के आवरण के इलेक्ट्रोन पृथक् करके उन्हें तत्काल बेकार कर दे सकती है।

अमेरिका ने लेसर हथियारों से युक्त उपग्रहों को पार्थिव कक्षाओं में स्थापित करने की एक भव्य योजना बनाई थी। इस योजना के अनुसार अंतरिक्ष में स्थापित उपग्रह शत्रु के नाभिकीय प्रक्षेपास्त्र को ऊपर ही लेसर किरणों से ध्वस्त कर देंगे।

लेकिन जब पता चला कि अंतरिक्ष में किया गया एक परमाणु विस्फोट ही ऐसे तमाम लेजर हथियार युक्त उपग्रहों को बेकार बना दे सकता है, तो अमेरिका ने यह योजना भी शायद छोड़ दी।

लेकिन महायुद्ध को अंतरिक्ष में ले जाने के प्रयास अब भी जारी हैं। हाल ही में अमेरिकी वायुसेना ने एक ऐसे प्रक्षेपात्र का परीक्षण किया है जो अंतरिक्ष में स्थापित उपग्रहों को भेद सकता है।

सैनिक अधिकारियों को केवल सैनिक साधनों के इस्तेमाल के सन्दर्भ में ही विद्युत-चुंबकीय आघात कें परिणामों की चिंता है। आदमियों पर इसका क्या असर होगा, इसकी उन्हें कोई विशेष चिंता नहीं है। बताया जाता है कि खुले मैदान में खड़े आदमी पर विद्युत-चुंबकीय आघात का कोई असर नहीं होगा, यह आघात मानव शरीर से, बिना किसी घातक परिणाम के आर-पार हो जाता है। लेकिन कोई व्यक्ति यदि धातु की किसी वस्तु के सम्पर्क में हो तो उसे बिजली का जोर का धक्का लगेगा, वह जल भी जा सकता है। धातु की वह चीज कितनी ही बड़ी होगी, असर उतना ही अधिक घातक होगा। उस समय टोस्टर, इस्त्री, टेलीविजन और टेलीफोन आदि का स्पर्श घातक सिद्ध होगा। रेलयात्रा भी घातक सिद्ध होगी, क्योंकि लंबी रेल पटरियों में एकाएक बिजली का प्रचंड प्रवाह होगा। दरअसल, लंबे तारों की प्रत्येक व्यवस्था पर इस विद्युत-चुंबकीय आघात का तत्काल विध्वंसक प्रभाव पड़ेगा। और, जो कोई भी उस समय इन तारों के सम्पर्क में होगा उसे इस आघात के भयंकर घातक परिणाम भुगतने पड़ेंगे।

एक ही परमाणु विस्फोट के व्यापक रूप से मानव-समाज पर क्या परिणाम होंगे, इसका बड़ा मार्मिक वर्णन कुछ ही महीने पहले अमेरिका में प्रकाशित एक पुस्तक, 'द डे आफ्टर मिड-नाइट (मध्यरात्रि के बाद दिन) में पढ़ने को मिलता है। वाशिंगटन से करीब डेढ़ सौ किलोमीटर दूर 40 हजार आबादी के शार्लोट विलो शहर पर सीधा परमाणु विस्फोट तो नहीं होता, फिर भी तीन सप्ताहों में ही उसका संपूर्ण सामाजिक जीवन नारकीय बन जाता है। इसमें विद्युत-चुंबकीय आघात काफी बड़ी भूमिका अदा करता है। पुस्तक का एक उल्लेख है :

"चंद दिनों के भीतर ही आपात्कालीन रेडियो स्टेशन ने नियमित प्रसारण शुरू कर दिया। इसमें बीच-बीच में व्यवधान पड़ता था, क्योंकि आयनमंडन एकदम साफ नहीं हो जाता। विद्युत-चुंबकीय आघात से स्टेशन को बचाने का कोई उपाय नहीं था। परमाणु विस्फोट से जनित विद्युत-चुंबकीय आघात इलेक्ट्रोनिक उपकरणों

को छिन्न-भिन्न कर डालता है...। ओल्नी, मेरीलैंड के प्रमुख संचार-केंद्र बन्द पड़ गए थे। टेलीफोन सुविधाएं प्राय: पूर्णत: नष्ट हो गई थीं, हालांकि एक छोटी स्वतंत्र टेलीफोन कंपनी काफी जल्दी काम शुरू कर देगी।"

परमाणु हथियारों के विनाशकारी परिणामों ने सभी दायरों को लांघकर विश्वव्यापी रूप धारण कर लिया है। इन हथियारों के परिणाम केवल शत्रु राष्ट्र को ही नहीं, इनका इस्तेमाल करनेवालों को, उनके मित्र राष्ट्रों को और तटस्थ राष्ट्रों को भी उतनी ही भयंकरता के साथ भुगतने पड़ेंगे। क्रिया और प्रतिक्रिया समान रूप से महाविनाशकारी होगी।

हम आशा करते हैं कि सम्भवत: यही वास्तविकता परमाणु हथियारों की होड़ को रोकने में योग दे।

(26 जनवरी, 1984)

परमाणु : शब्दावली

1. **रेडियोधर्मिता, रेडियोसक्रियता, रेडियोएक्टिविटी :** कुछ तत्त्वों के नाभिकों का एक गुण, जिसमें ये थोड़ा-थोड़ा करके टूटते हैं और इस प्रक्रिया में अल्फा, बीटा तथा गामा विकिरण का उत्सर्जन करते हैं।

   विकिरण रेडिक्शन : विद्युत-चुंबकीय किरणें, विशेषकर एक्स तथा गामा किरणें, इलेक्ट्रोन, प्रोटान आदि आवेशित कणों की तीव्र धाराएं और सभी वैगों के न्यूट्रोन कण। संक्षेप में वे सभी स्वरूप जिनके जरिए परमाणु से ऊर्जा बाहर आती है।
2. **समस्थानिक आइसोटोप :** ऐसे परमाणु जिनके द्रव्यमान में अंतर होता है परंतु वो रासायनिक दृष्टि से एक ही तत्त्व के होते हैं। समस्थानिकों के नाभिकों में प्रोटोनों की संख्या समान रखती है, परंतु न्यूट्रोनों की संख्या असमान होती है। जो समस्थानिक रेडियोधर्मी होते हैं उन्हें रेडियोधर्मी समस्थानिक रेडियोआइसोटोप कहते हैं।
3. **अर्द्धायु (हाफलाइफ) :** वह कालावधि जिसमें किसी रेडियोधर्मी पदार्थ की मात्रा आधी रह जाती है। रेडियोधर्मी तत्त्वों या समस्थानिकों की अर्द्धायु एक सेकंड के दस लाखवें हिस्से से लाखों वर्षों तक हो सकती है। अल्फा किरणें रेडियोधर्मी तत्त्वों से फूटनेवाली तीन प्रकार की किरणों में से एक। अल्फा कण दो प्रोटानों और दो न्यूट्रोनों से बना होता है। इस प्रकार यह धनावेशी अल्फा कण हीलियम के नामिक के समान होता है।
4. **बीटा किरणें :** रेडियोधर्मी तत्त्वों से फूटनेवाली तीन प्रकार की किरणों में से एक बीटा कण इलेक्ट्रॉन के तुल्य और ऋणावेशी होता है, परंतु यह परमाणु की नामिक है प्रकाशतुल्य वेग से बाहर आता

है। उसकी भेदन-शक्ति अल्फा कणों से अधिक परंतु गामा किरण से कम होती है।

5. **गामा किरणें :** रेडियोधर्मी तत्त्वों से फूटनेवाली तीन प्रकार की किरणों में से एक। ये एक्स किरणों की तरह की किरणें हैं, परंतु उनकी तरंगों की लंबाई काफी कम होती है, इसलिए उनकी ऊर्जा और भेदन-शक्ति अधिक होती है।

6. **आयन :** ऐसा परमाणु या अणु जिसने एक या अधिक इलेक्ट्रॉन खोए हैं अथवा प्राप्त किए हैं।

रैम रूंटगैन इक्विकोलेंड मैन : आयनकारी विकिरण की इकाई मात्रा, जो उतना ही जैव प्रभाव छोड़ती है जितना कि एक्स किरणों के एक रूंटगैन से होता है। रूंटगैन एक्ट या गामा किरणों की वह मात्रा है जो एक घन सेंटीमीटर शुष्क वायु में विद्युत के एक इलेक्ट्रोस्टैटिक इकाई के तुल्य आयन पैदा करती है। रूंटगैट एक्स-किरणों की खोज 1895 में करनेवाले वैज्ञानिक का नाम है।

तापनाभिकीय ऊर्जा : शब्दावली

1. **हाइड्रोजन :** प्रकृति में उपलब्ध इस सबसे हल्के और सरलतम तत्त्व के सामान्य परमाणु के नाभिक में एक धनावेशी प्रोटान कण होता है और एक ऋणावेशी इलेक्ट्रॉन उसके चक्कर लगाता है। हाइड्रोजन के इस सामान्य परमाणु को प्रोटियम भी कहते हैं। पानी के एक घटक के रूप में पर्याप्त मात्रा में उपलब्धं हाइड्रोजन तत्त्व के दो स्थायी समस्थानिक हैं—ड्यूटोरियम और टाइटियम।
2. **ड्यूटीरियम :** हाइड्रोजन के इस स्थायी समस्थानिक के नाभिक में एक प्रोटान कण के अलावा एक आवेश-रहित न्यूट्रान कण भी होता है, इसलिए यह सामान्य हाइड्रोजन (प्रोटियम) से दुगुना भारी होता है। सामान्य हाइड्रोजन के 6500 परमाणुओं में ड्यूटोरियम का एक परमाणु होता है। ड्यूटोरियम के एक अणु (दो परमाणु) और ऑक्सीजन के एक परमाणु के मेल से जो पानी बनता है उसे भारी पानी कहते हैं। धरती की सुविस्तृत जलराशि में 6500वां हिस्सा भारी पानी का है। सामान्य पानी से भारी पानी के गुण-धर्म कुछ भिन्न होते हैं। विखंडन (फिशन) की ऊर्जा पैदा करने वाले रिएक्टरों में न्यूट्रानों को मन्द करने और ऊष्मा को बाहर लाने के लिए भारी पानी का इस्तेमाल होता है। भारी पानी के उत्पादन के लिए हमारे देश में कई कारखाने हैं।

   ड्यूटीरियम (भारी हाइड्रोजन) के नाभिक को ड्यूट्रॉन कहते हैं। केवल दो कणों (प्रोटान व न्यूट्रॉन) से निर्मित प्रकृति की सरलतम नाभिकीय इकाई है।
3. **ट्राइटियम :** हाइड्रोजन के इस अतिभारी समस्थानिक के नाभिक में

एक प्रोटान और दो न्यूट्रान कण होते हैं। सामान्य हाइड्रोजन से तीन गुणा भारी इस रेडियोधर्मी ट्राइटियम का अर्थ-जीवन 12.6 साल का है। किसी रेडियोधर्मी तत्त्व की आधी मात्रा के विघटन में जो समय लगता उसे उस तत्त्व का अर्थ-जीवन या अर्धायु कहते हैं।

प्रकृति में सामान्य हाइड्रोजन के 10 अरब परमाणुओं में ट्राइटियम का एक परमाणु उपलब्ध है। इसे नाभिकीय रिएक्टरों में कृत्रिम रूप से भी तैयार किया जा सकता है।

4. **नाभिकीय संगलन या संलयन (न्यूक्लियर फ्यूजन) :** सरल परमाणु-नाभिकों के संयोजन से जटिल परमाणु-नाभिकों के सृजन की प्रक्रिया को संगलन या संलयन कहते हैं। संगलन की यह प्रक्रिया अति उच्च तापमान पर सम्प न्न होती है और इसमें ऊर्जा का उत्सर्जन होता है। सूर्य और अन्य तारों की ऊर्जा संगलन की ही ऊर्जा है। धरती पर संगलन की ऊर्जा हाइड्रोजन बम के विस्फोट में और नियंत्रित तापनाभिकीय अभिक्रियाओं में उपलब्ध होती है। संगलन के लिए ड्यूटीरियम, टाइटियम और लीथियम ईंधनों का इस्तेमाल होता है।

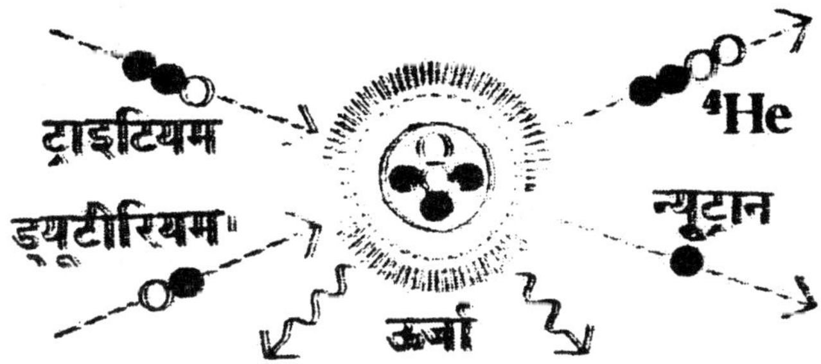

टाइटियम-ड्यूटीरियम मिश्रण के संगलन की अभिक्रिया

5. **संकुचन प्रभाव (पिंच इफेक्ट) :** उच्च विद्युत वाले चुंबकीय क्षेत्र के प्रभाव के अंतर्गत प्लाज्मा सिकुड़कर पात्र के मध्य भाग में एक पतले दंड का आकार ग्रहण कर लेता है। इसी संकुचन प्रभाव के कारण प्लाज्मा को पात्र की भीतरी दीवारों से पृथक् रखना सम्भव है।

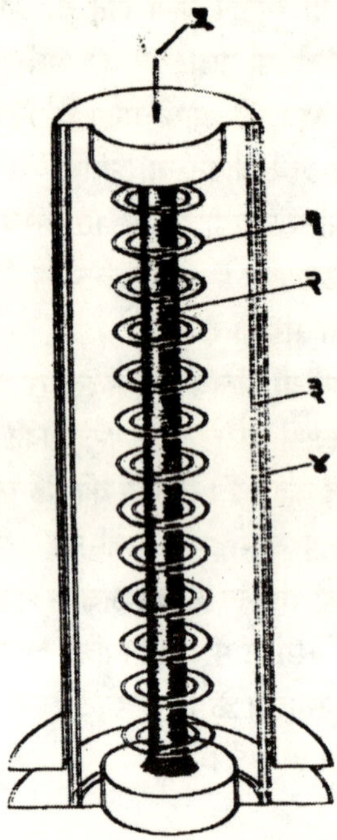

संकुचन प्रभाव : 1. चुंबकीय बल की धाराएं, 2. संकुचित प्लाज्मा का स्तम्भ, 3. प्रतिरोधक दीवार, 4. संवाहक दीवार और 5. धारा की दिशा।

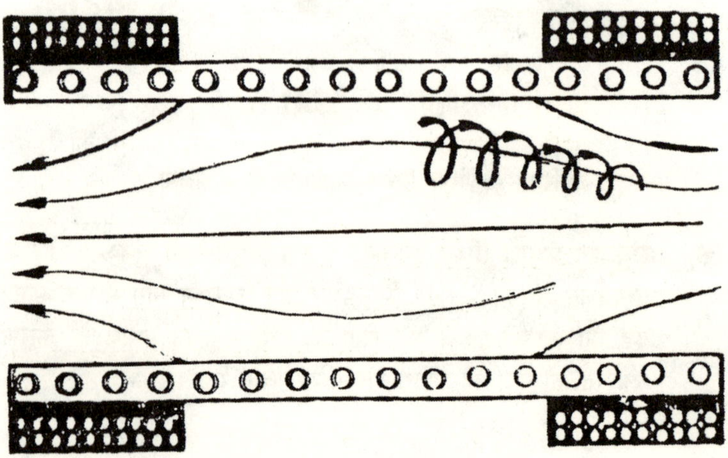

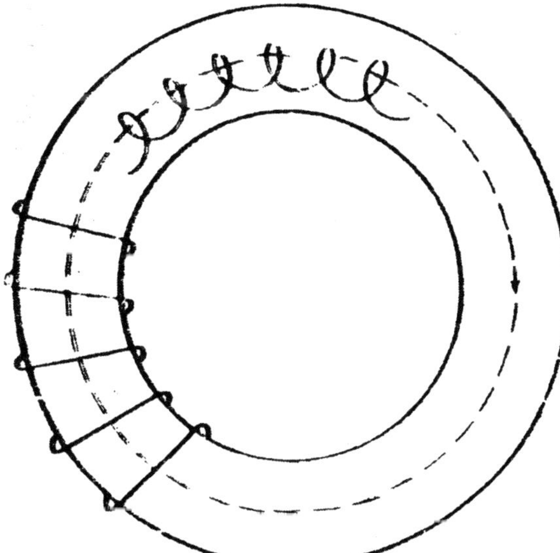

अतितप्त प्लाज्मा को निलंबित धारण करके आबद्ध रखनेवाली दो प्रकार की चुंबकीय बोतलें।

6. **प्लाज्मा :** धरती का अधिकांश द्रव्य ठोस, द्रव और गैसीय अवस्था में है। द्रव्य की चौथी अवस्था को प्लाज्मा नाम दिया गया है। अतिउच्च तापमान में जब परमाणुओं के नाभिकों से प्राय: सभी इलेक्ट्रोन सर्वथा पृथक् हो जाते हैं, तब नाभिकों, इक्के-दुक्के इलेक्ट्रोनों से युक्त नाभिकों और मुक्त इलेक्ट्रोनों के मिश्रण से जो गैस बनती है उसे प्लाज्मा कहते हैं। 'आदर्श' प्लाज्मा गैस करोड़ों डिग्री तापमान पर ही प्राप्त होती है। सूर्य, तारों और विश्व के पिंडों का अधिकांश द्रव्य प्लाज्मा की अवस्था में ही है। मोमबत्ती की लौ, विद्युत-आर्क, जेट इंजन या राकेट के तुंड से निकलने वाले ज्वाला-जेट, विद्युत-विसर्जन आदि कई घटनाओं में भी द्रव्य प्लाज्मा अवस्था में प्रकट होता है।

कुछ बातों में गैसों से साम्य रखते हुए भी प्लाज्मा के अपने कई विशिष्ट गुणमर्ध है। कुछ खास स्थितियों में यह तांबे से बेहतर सुचालक है, द्रव की तरह बहती है और इसे विद्युत तथा चुंबकीय क्षेत्रों से नियंत्रित किया जा सकता है। तापनाभिकीय ऊर्जा से संबंधित अनुसंधानों के कारण

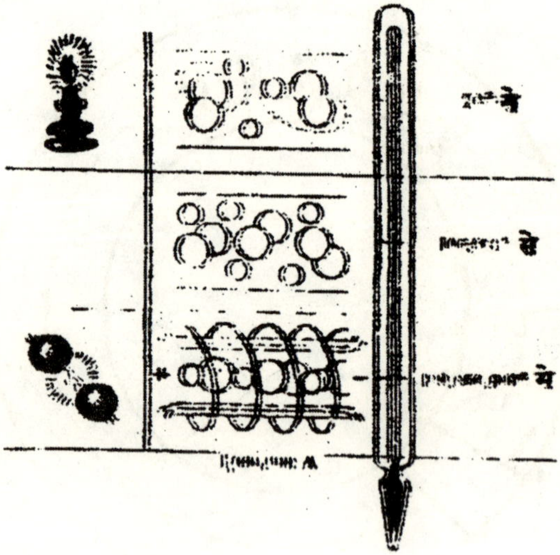

विभिन्न तापमानों पर प्लाज्मा का निर्माण

पिछले तीन-चार दशकों से प्लाज्मा भौतिकी विज्ञान का एक अत्यंत महत्त्वपूर्ण विषय बन गया है।

7. **तोकामक :** अतितप्त प्लाज्मा को धारण करके तापनाभिकीय अभिक्रिया को सम्पन्न करने वाले टायर (टोरस) के आकार के एक विशिष्ट पात्र का रूसी नाम। यह शब्द तीन रूसी शब्दों के आरम्भिक अक्षरों के योग से बनाया गया है—तोर (= टोरस), कामिरा (= कमरा, कोठरी), और मिग्नीत्री कतूश्की (= चुंबकीय कुंडली)। अत: तोकामक का पूर्ण अर्थ है—चुंबकीय कुंडली से युक्त टायरनुमा कक्ष या पात्र।
8. **संगलन रिएक्टर :** संगलन की ऊर्जा के लिए सैद्धान्तिक रूप से कई तरह की व्यवस्थाएं सम्भव हैं। अतितप्त प्लाज्मा को भीतरी दीवारों से पृथक् रखने के लिए बोतल और टायर के आकार के पात्रों को ज्यादा उपयोगी पाया गया है। यूरोपीय देशों की जेट प्रयोगशाला ने भी एक विशेष प्रकार के टायरनुमा तोकामक पात्र का इस्तेमाल करके ही सफलता प्राप्त की है।

संगलन के लिए दो-तीन तरह के मिश्रित ईंधन का उपयोग होता है।

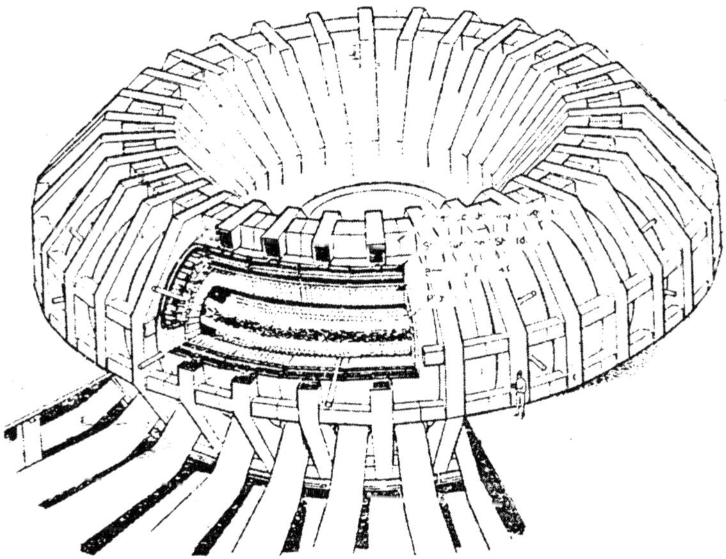

विशाल लोकामक संगलन रिएक्टर

ड्यूटीरियम-ड्यूटीरियम मिश्रण से ऊर्जा के अलावा हीलियम-3 और न्यूट्रानों का उत्पादन होता है। इसी मिश्रण से ऊर्जा के अलावा ट्राइटियम और प्रोटानों का भी उत्पादन होता है। ड्यूटीरियम-ड्यूटीरियम मिश्रण से ऊर्जा के अलावा हीलियम-4 (अल्फा कणों) और न्यूट्रानों का सृजन होता है। रिएक्टर की भीतरी दीवार के साथ लीथियम का मोटा लेप (ब्लैंकेट) लगाया जाता है। लीथियम का यह ब्लैंकेट संगलन में पैदा होनेवाले न्यूट्रानों और एक्स-किरणों का अवशोषण करनेवाला कवच बनता है और इससे ट्राइटियम का भी सृजन (ब्रीडिंग) होता है :

शक्तिशाली लेसर-किरणों से संगलन सम्पन्न करने के लिए बड़े आकार के एक खोखले गोल कक्ष की व्यवस्था जरूरी है। खोल के केंद्रभाग में चहुंओर से लगातार ईंधन की गुटिकाएं (पेलेट) दागने की व्यवस्था करनी होगी। प्रत्येक गुटिका के कक्ष-केंद्र में पहुंचते ही चहुंओर से शक्तिशाली लेसर-पुंजों को केंद्रित करके लघु-विस्फोट किए जाएंगे और इस प्रकार संगलन की ऊर्जा पैदा की जाएगी।

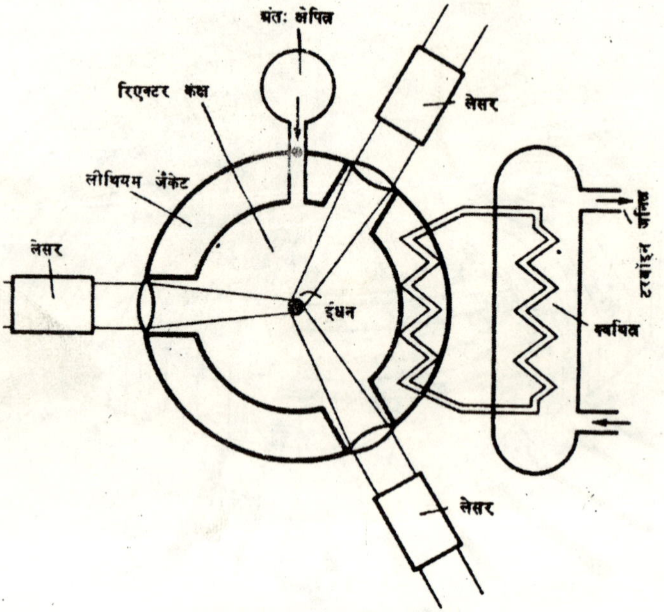

लेसर-संगलन-रिएक्टर का आयोजन

संगलन की यह ऊर्जा रिएक्टर की भीतरी दीवारों में अवशोषित होगी और भाप पैदा करके सामान्य जेनरेटरों से बिजली पैदा करेगी।

संगलन की ऊर्जा का एक हिस्सा, भीतरी प्लाज्मा और बाह्य चुंबकीय क्षेत्र का उपयोग करके, सीधे भी बिजली के रूप में उपलब्ध हो सकता है।

ट्राइटियम का सृजन, ब्लैंकेट के रूप में प्रयुक्त लीथियम का विघटन होकर, रिएक्टर के भीतर ही होगा। धरती के महासागरों में ड्यूटीरियम के सस्ते ईंधन की कोई कमी नहीं। एक विशेषज्ञ के अनुसार एक लीटर पानी में मौजूद ड्यूटीरियम से 350 लीटर पेट्रोल के तुल्य ऊर्जा उपलब्ध हो सकती है। अन्य शब्दों में धरती के पांच प्रमुख महानगरों से मिलनेवाली ऊर्जा पेट्रोल के 1750 महासागरों से मिलनेवाली ऊर्जा के बराबर होगी!